የፕላኔቶች ጉዞ እና የኒውተን የስበት ንድፈ ሐሳብ

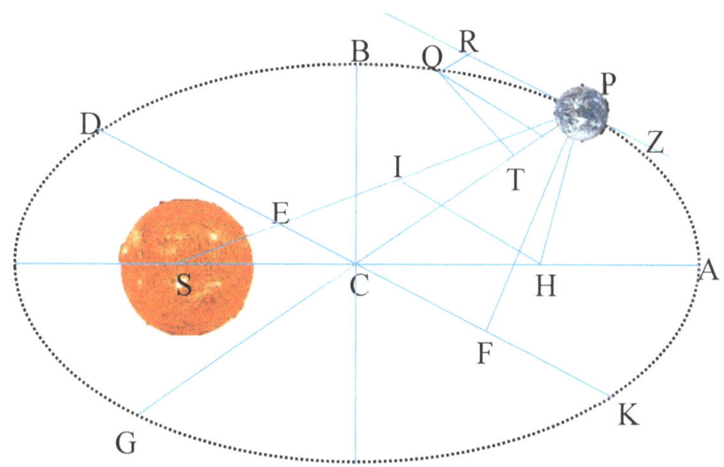

ሰው በጠፉ ጊዜ ሰው ለሆኑ ፥ መልካም ምግባር ለሠሩ ፥ በሕይወቴ ላጋጠሙኝ መልካሞች::

አንተነህ ብሩ

ይዘት

መቅድም

ጸሓፊው

በወሎ ክፍለ ሀገር በምትገኘ ጠበል አፋፍ በምትባል አነስተኛ መንደር ውስጥ በ፲፱፷፫ ድልክ ተወለድሁ። አስኳላ ትምህርት ከመግባቴ በፊት ፊደልን በመጀመሪያ በቤት በኋላም በአካባቢው በሚገኘ መሪጌታ ዘንድ ተምሬያለሁ። የአንደኛ ደረጃ ትምህርቴን በበረን አንደኛ ደረጃ ትምህርት ቤት አጠናቅቄያለሁ። ፯ኛ እና ፰ኛ ክፍልን በወረኢሉ አንደኛ እና መለስተኛ ሁለተኛ ደረጃ ትምህርት ቤት ፤ ፱ኛ እና ፲ኛ ክፍልን በወረኢሉ ከፍተኛ ደረጃ ትምህርት ቤት ተከታትያለሁ። የቀረውን በጎንደር ፋሲለደስ ትምህርት ቤት አጠናቅቄ የአሥራ ሁለተኛ ክፍልን የመልቀቂያ ፈታና በ፲፱፻፺ ተፈትኜ ከጅማ ዩኒቨርሲቲ የሲቪል ምህንድስና በ፲፱፻፺፪ ድልክ የመጀመሪያ ደረጃ ማዓርግ ተቀብያለሁ። በጅማ ዩኒቨርሲቲ የሲቪል ምህንድስና የትምህርት ክፍል ባስተማሪነት እና የዩኒቨርሲቲውን የምህንድስና ክፍል በማደራጀት ፤ የምክር አገልግሎት በመስጠት ፤ የዐቅድ ማውጣት ፤ የቦታና የሕንጻ ግመታ ሥራን ወዘተ እየሠራሁ ለሁለት ዓመታት ቆይቻለሁ። በ፪ሺ፩ ድልክ ባገኘሁት የውጭ የትምህርት ዕድል በኔዘርላንድ ፤ ደልፍት ዩኒቨርሲቲ በመሬት ምህንድስና (ጆኦቴክኒካል ምህንድስና) የሁለተኛ ደረጃ መዓርግ

አጠናቀቄያለሁ፡፡ ላጭር ጊዜ በኔዘርላንድ ፕላክሲስ በሚባል የሶፍትዌር አበልጻጊ *መሥሪያ* ቤት ውስጥ ሠርቻለሁ፡፡ ከጆየፐ - ጆየጊድልክ በኖርወይ ፤ በኖርወያውያን የሳይንስ እና ቴክኖሎጂ ዩኒቨርሲቲ (ከፍተኛ መካነ ትምህርት) በመሬት ምህንድስና ለሦስተኛ ደረጃ መዓርግ የሚያበቃ የምርምር ሥራ ሠርቻለሁ፡፡ በአሁኑ ጊዜ በኖርወይ ፤ በመሃንዲስነት እየሠራሁ እገኛለሁ፡፡

የመነሳሻ ሐሳብ

ይኸን ፤ ከዚህ በፊት የታተሙትን እና ከዚህ አስከትየ የማሳትመውን አጫጭር መጻሕፍት እንድጽፍ ያነሳሱኝ ብዙ ምክንያቶች ናቸው፡፡ ከነዚህም ውስጥ አንደኛው ምክንያት በአንድ ኮንፈረንስ ላይ ባቀረብኩት የምርምር ሥራ ምክንያት የኮንፈረሱ አዘጋጆች በሽልማት መልክ የዩክሊድን መጽሐፍ አበረከቱልኝ፡፡ የዩክሊድ ከክርስቶስ ልደት በፊት ጥቂት ምኢት ዓመታት ቀደም ብሎ የነበረ ሰው ነበር፡፡ ሥራው በብዙ ቋንቋዎች እንደተተረጎመ ተረዳሁ፡፡ መጽሐፉ ከተደረሰበት ዘመን አንጻር ፤ እኛስ እንዴት መጽሐፉ በግእዝ ተተርጉሞ አላገኘነውም የሚል ሐሳብ አደረብኝ[1] ምናልባት በአንዱ አውዳሚ ጦርነት ተቃጥሎ ሊሆን ይችል ይሆን ስለ አሰብኩ፡፡ አሁንም ቢሆን ቋንቋን ከማዳበር አንጻር ይዘቱ ተተርጉሞ ቢቀርብ መልካም ነው ብዬ አሰብኩ፡፡

---

[1] ቀደምት (የዘመነ ግእዝ) ሊቃውንት ብዙ መጻሕፍትን ይጽፉ እና ይተረጉሙም ነበር ፤ ለዚህ ምስክር በሀገራችን እና ከሀገር ውጭ የሚገኙ ብዙ በግእዝ የተጻፉ መጻሕፍት ናቸው፡፡

ሁለተኛ ኢትዮጵያውያን ሕፃናት በመቅረጸ ትዕይንት እየቀረቡ አንዳንድ የሥነፈለክ ዝርዝሮችን ሲወያዩ ዐየሁ፡፡ እነሁ ልጆች በዚህ ዕድሜያቸው ይህን ያህል ፍላጎት ካደረባቸው ፤ ለጊዜው መርጎግብር ማሟያ ከሚሆኑ ፤ በተለያዩ ግብአቶች ቢወጡ ለሀገራቸው በተለያያ የትምህርት ዘርፍ ብዙ ሊያበረክቱ ይችሉ ነበር ስለ አሰብኩ[2]፡፡

በሦስተኛ ደረጃ የአማርኛ ቋንቋ የሀገራችንን ማኅበረሰባት የሚያስተሳስር ድር ነው፡፡ ይህ ቋንቋ በሚገባው እንዲያድግ በተለያዩ የትምሕርት ዘርፎች የተሰማሩ ምሁራን የየመስካቸውን ዕውቀት ቢተረጉሙ መልካም ነው ብዬ አስብሁ፡፡ ለዚህም የዐቅሜን ለማበርከት ሐሳብ አደረብኝ፡፡

ታሪክ ፤ ሥነ ቁስ ፤ ሒሳብ እና ፍልስፍና ባገኘሁት አጋጣሚ የማጠናቸው ዘርፎች ናቸው፡፡ በ8 ዓመታት በፊት የአንጻራዊነትን ንድፈ ሐሳብ ለማጥናት እና በአማርኛ ለመጻፍ ወሰንኩ፡፡ የመጀመሪያ ደረጃ የወጥ አንጻራዊነት ንድፈ ሐሳብን ባጭር ጊዜ አጥንቼ ባማርኛ ጻፍኩት፡፡ ነገር ግን አንዳንድ ቃላትን ስተረጉማቸው ድንገተኛ ሆኑብኝ፡፡ ስለዚህ መሰረታዊ የሒሳብ አስተምህሮዎችንም ለመጨመር ወሰንኩ፡፡ ሂደቱ ከዚ ቀድመው የታተሙትን

- ሥነቁጥር ወ ሥነሥፍራ ዘዮክሊይድ

---

[2] ለወላጆች ፤ ልጆቻችሁ ወደተለያዩ የትምሕርት ዘርፎች ዝንባሌ እንዳልቸው ስታዩ ፤ እያበረታታችሁ አንድ ደረጃ ከፍ ያለ ፈቲን አቅርቡላቸው አንጅ ለከንቱ ውዳሴ አደባባይ አታውጧቸው፡፡ የሚናገሩትን ነገር በዐይነ ኅሊናቸው በውል እንዲመለከቱ ጊዜ እና ብስለት ያስፈልጋቸዋል፡፡

- የቅምሮች እና የቀስቶ ሥፍሮች ሥነ-ስሌት

- ኔውተናዊ ሥነእንቅስቃሴ

በዚች መጽሐፍ የቀረበውን

- **የፕላኔቶች ጉዞ እና የኔውተን የስበት ንድፈ ሐሳብ**

እና በተከታይ የማቀርበውን

- የብርሃን መንገድ

አስገኘ።

የአማርኛ ቋንቋ

ኢትዮጵያ በብዙ ቋንቋዎች የታደለች ሀገር ናት። አብዛኞቹ የንግግር ቋንቋዎች ናቸው። በጣም ጥቂቶች የጽሑፍ ዘርፍም አላቸው። ከነዚህ አንዱ እና ብዙ ተናጋሪ ያለው አማርኛ ነው።

የአማርኛ ቋንቋን አነሳስ እና እድገት በተመለከተ ሦስት መላምቶች ይገኛሉ። አንደኛ ፣ የአማርኛ ቋንቋ ከግእዝ ጋር በትይዩነት የነበረ ፣ በዘመነ አኩስም ይነገር የነበረ ቋንቋ ነው ይላሉ። ለዚህም እንደ ማስረጃነት አንዳንድ የአኩሱም ነገሥታት ስያሜን ያቀርባሉ[3]።

አንዳንድ ጸሓፍት ደግሞ «የአማርኛ ቋንቋ የተለያየ ቋንቋ ተናጋሪ ከነበሩ ማኅበረሰባት የተወጣጡ ወታደሮች ተዳቅሎ

---

[3] ለምሳሌ ጉም (708–732) ፣ አስጎምጉም (732–737) ፣ ለትም (732–737) ፣ ውድም አስፈሬ (802–832)።

የተበለጸገ ቋንቋ ነው» ይሉናል። ይኸ ታሪካዊ ክስተት መቸ እንደሆነ ለነገሩም ማስረጃ ስለመኖሩ ርግጠኛ አይደለሁም።

በሌሎች ደግሞ አማርኛ የንጉሣውያን ቋንቋ እንደነበርና አፈ ንጉሡ ይባልም እንደነበረ ይነገራል።

ቋንቋው በሀገሪቱ ከሚገኙ የተለያዩ ቋንቋዎች ቃላትን በመጠቀም እንደበለጸገ መረዳት ይቻላል። በቋንቋው የሚገኙ ብዙ ቃላት ፤ በተለያዩ የሀገራችን ሌሎች ቋንቋዎችም ይገኛሉ። በዘመነ አክሱም እና ዛጔ (ዘአገዊ) የመንግሥት እና የሥነ-ጽሑፍ ቋንቋ የነበረው ግእዝ ነበር። አማርኛ በንግግር ቋንቋነት ብቻ ለዘመናት ቆይቶ ፤ ከ$\overline{10}$ [5] ው መቶ ክፍለ ዘመን ጀምሮ የግእዝ ፊደላትን በመዋስና በግእዝ ቋንቋ የሌሉ የአማርኛ ድምጾችን የሚወክሉ ፊደላትን በመቅረጽ የጽሑፍ ቋንቋ መሆን ጀምሯል[4]። ለምሣሌ ለዐጼ አምደ ጽዮን በአማርኛ የተጻፉ ግጥሞች ነበሩ[5]።

በተለይም ከዐጼ ቴዎድሮስ ፪ኛ ዘመነ መንግሥት ጀምሮ በግእዝ ይጻፉ የነበሩ ዜና መዋዕሎች እና የቤተ ክህነት ትምህርቶች በአማርኛ መጻፍ በመጀመሩ የአማርኛ ቋንቋን ሥነ-ጽሑፋዊ ዘርፍ በማስፋፋት ላይ አስተዋጽአ አድርገዋል። የአጼ ቴዎድሮስ ዜና መዋዕል ፤ መጽሐፈ ጨዋታ ፤ ጌዎግራፊያ[6] ከነዚህ ጥቂቶቹ ናቸው። ከዚያ በኋላ

---

[4]ጥናት ያስፈልገዋል።

[5]https//am.wikipedia.org/wiki/የወታደሮች_መዝሙር

[6]የቴዎድርስን ዜና መዋዕል የጻፈው አለቃ ዘነብ ፤ መጽሐፈ ጨዋታ ሥጋዊ ወመንፈሳዊ የተሰኘ ፍልስፍና እና ሃይማኖትን ባንድ ላይ የያዘ መጽሐፍን ባማርኛ ጽፏል። በዚሁ ወቅት ጌዎግራፊያ (ሥፍረ ምድር) የተሰኘ መጽሐፍም ቻርለስ ዊሊያም ኢዘንበርግ በተባለ እንግሊዛዊ ሚስዮን ባማርኛ ተጽፎ ታትሟል።

በርካታ መጽሐፍት ባማርኛ ታትመዋል። ከነዚህ ብዙውን እጅ የሚይዙት የልብ-ወለድ መጽሐፍት ናቸው። የሃይማኖት መጽሐፍት እና የፖለቲካና አስተዳደር መጽሐፍትም እንደዚሁ በመለስተኛ መጠን አሉ። በአማርኛ ቋንቋ የተጻፉ የሳይንስ እና የሥነዘዴ (ቴክኖሎጂ) መጽሐፍት ግን እጅግ ውሱን ናቸው። በተለይም ሒሳብ ነክ የሆኑት የሳይንስ ዘርፎች እዚህ ግባ የሚባል ቁጥር የላቸውም። እነዚህ ዘርፎች የሚፈልጓቸውን ቃላት በቋንቋው ለማስገባት በተለይም በመጀመሪያ የትምህርት ደረጃ ውሱን የሆነ ጥረት ቢደረግም ቅሉ ከመማሪያ መጽሐፍት ውስጥ ያለፈ ለሳይንሳዊ ግኝቶች እና ምህንድስናዊ ዕውቀቶች ተግባራዊ ግልጋሎት ማሳለጫነት ሲውሉ አይታይም። እስከአሁን ያለው በአማርኛ የመተርጎም እና የመመርመር ሥራ ውሱን ነው። ይኽም በመሆኑ ዘመናዊ የዕውቀት ዘርፎች በአማርኛም ሆነ በሌሎች የሀገራችን ቋንቋ ተተርጉመው አይገኙም። በተለይም የአማርኛ ቋንቋ ብዙ የሀገራችን ማንበረሰቦችን የማስተሳሰሪያ ድልድይ እንደመሆኑ መጠን በዚህ ዘመን ሊያድግ የሚገባውን ያህል አላደገም። ለዚህም አራት ዐበይት ምክንያቶችን መጥቀስ ይቻላል።

- የዘመናችን ሥነ-አስተዳደር ፤ ለቋንቋ ያለው ዕይታ የተዛባ በመሆኑ በአማርኛ ቋንቋ የዕድገት ሂደት ላይ አሉታዊ ተጽእኖ ማሳደሩ።

- በቋንቋው የምርምር ሥራን የማቅረብ ተነሳሽነት በምሁራኑ ዘንድ ደካማ መሆኑ።

- የቋንቋውን ብልጻጋ የሚከታተሉ ተቋሞች አለመኖራቸው።

- በዘመናችን የሳይንሳዊ ምርምር ውጤቶች የሚቀርቡት በአብዛኛው በእንግሊዝኛ በመሆኑ ፤ የእንግሊዝኛ ቋንቋ እንደ ብቸኛ የሳይንስ ቋንቋ ተደርጎ በመወሰዱ[7]።

አማርኛ ቋንቋን የዘመኑን የሰው ልጅ የዕውቀት ዘርፎች ለመግለጽ የሚያስችል እንዲሆን የምርምር ሥራዎች በቋንቋው መቅረብ ይኖርባቸዋል። ለዚህም ተስማሚ የሆኑ ቃላትን ለማባልጸግ የተለያዩ ዘዴዎችን ልንጠቀም እንችላለን። ለምሳሌ ፤ በቋንቋው የማይገኙ ቃላትን ከሌላ ቋንቋ ቀጥታ በመዋስ ፤ ቃላቱን በገጠር የልሳን አወጣጥ በመለወጥ ፤ በተቀራራቢ ቃላት በመተካት ፤ የተለያዩ ስልቶችን መጠቀም አዲስ ቃል በመፍጠር (የተሻለ ነው ተብሎ ከታሰበ።) ሀገራችንም የብዙ ቋንቋዎች ባለቤት በመሆኗ ፤ በአንዱ ቋንቋ ያልተገኘው በሌላ ቋንቋ ሊገኝ ይችላል።

---

[7] ይኸ አስተሳሰብ በተለይ የእንግሊዝኛ ተናጋሪ ያልሆነ እና ከቋንቋው ባህል ጋር ቅርበት የሌለውን ማኅበረሰብ የሥነዘዴዎች ተጠቃሚ እንዳይሆን ፤ የዕውቀቱ ባለቤት እንዳይሆን የሚያደርግ ነው። በተቀባዩ ዘንድ ያለው ዕውቀት ጥራዝ ነጠቅ ፤ ሽርፍራፊ እና ግልብ እንዲሆን አስተዋጽኦ ያደርጋል። ዕውቀቱንም ማኅበረሰቡን በሚጠቅም ሁኔታ እንዳያበለጽገው የሚያደርግ ነው። የሚተላለፈውን ዕውቀት ባግባቡ የሚረዱ ተረድተውም ለማኅበረሰቡ ፋይዳ ባለው መልኩ የሚያቀርቡ ምሁራንን ለማፍራትም ያስቸግራል ። ቋንቋ የሰው ልጅ የባሕርይ ችሎታ ቢሆንም ቅሉ የቋንቋ ብልፅጋው ግን ባካባቢው ባህልና ሥነ-ልቦና እየታሽ ነው። አንድ ሌላ ቋንቋ የማኅበረሰቡ ባህልና ሥነ-ልቦና በብልፅጋው ያልተጋራው ከሆነ በቋንቋውን ፍፁማ መጠባባትን ለማድረግ አስቸጋሪ ይሆናል።

"ለምን ያንኑ የእንግሊዝኛውን ቃል አንጠቀምም? ይህን ማድረግ ጥቅም የለሽ ሥራ ነው ፤ ጊዜ ማባከን ነው" የሚሉ ይኖራሉ። ከላይ ሲታይ ይመስላል። በእውነትም አንድን ቃል ባልተለመደበት መስክ መጠቀም ግር የሚያሰኝ ሊሆን ይችላል። ቃሉን ለመልመድ የሚያስፈልገው የልምምድ ጊዜም እንደዚሁ ብዙ ሊሆን ይችላል። ቆም ብለን ስናስበው ግን ብዙ አወንታዊ ጎን እንዳለው ለመረዳት አያዳግትም። ለመጥቀስ ያህል።

- ሰው በሚገባ በሰለጠነበት ቋንቋ ሲማር ፤ ሲነገር ፤ ሲታደም ፤ የሚተላለፈውን መልዕክት በውል ለመረዳት ፤ ዕውቀቱን ለመገንዘብ የሚያደርገውን ጥረት ሂደት በእጅጉ የሚያግዝ ሆኖ እናገኘዋለን። ዋናው ቁም ነገር አንድ ነገር **ሀ** ወይም **ለ** ተብሎ መሰየሙ ሳይሆን ፤ ስያሜውን ስንሰማ በአእምሮአችን ውስጥ የሚተላለፈው መልዕክት እና የሐሳብ ሥዕል ነው። አንድ ነገር ወይም ሁነት ቃል ስንወክልለት ፤ የተወከለው ቃል ጋር የተያያዘው ምስል ምን እንደሆነ በምሳሌ ልናስረዳ እንችላለን። ምሳሌውን ወይም ገለጻውን ደግሞ ተደራሹ አብልጦ በሚረዳው ቋንቋ ከማድረግ በላይ የተሻለ መንገድ ያለ አይመስለኝም።

- የአማርኛ ቋንቋን አቀም ከማሥፋት አንጻር የሚፈጥረው ተጽእኖ አሌ የማይባል ነው[8]።

- ለትምሕርት አሰጣጡ አጋዥ ይሆናል። ተማሪው የቀሰመውን ትምህርት ማጎበራዊ ችግሮችን ለመፍታት እንዲያውለው በሚያስችለው መንገድ እንዲሆን ሊያግዝ ይችላል።

- በአማርኛ ቋንቋ የሚጻፉ የሳይንስ እና የሥነዘዴ መጻሕፍት ፥ የየዘርፋቸን ርባና ለማጎንጠር ጠቃሚ የሆኑትን ለመጠቀም እና ተግባራዊ ብልጸጋቸውን ለማፋሰጥ አጋዥ ሊሆኑ ይችላሉ። ብሎም ምሁሩ ከተርታው ሰው የሚግባባት እና የተማሪውን ወደ ሥራ የሚቀይርበት ፥ መረዳቱን ከሐሳብ ከበብ ወደ ገሀዱ ዓለም የሚያሽጋግርበት የቋንቋ ድልድይ በበቂ እንዲዳብር አጋዥ ሊሆኑ ይችላሉ።

በዚህ መጽሐፍ

በዚህ መጽሐፍ በዋነኛነት የምንመለከተው የኔውተንን የሥነስበት ሥነሥፍራዊ ትንተና ነው። ለዚሁ መንደርደሪያ

---

[8] አንድን ዕውቀት በእንግሊዝኛ የቀሰመ ምሁር ፥ ከሁነቱ ወይም ነገሩ ጋር ያያዘው ቃል በመኖሩ ፥ ለዚያ ቃል አዲስ ወይም ሌላ ነገርን ለመጠቀም አይዋተለትም። ነገሩ ከልምድ ጋር የተያያዘ ነው። በአሁኑ ጊዜ እንግሊዝኛ ዋና የሳይንስ መግባቢያ ቋንቋ እየሆነ ስለመጣ ፥ በዚሁ ቋንቋ የሚደረተ ጥናቶችን ፥ የምርምር ውጤቶችን መማር ፥ ማሳተም የሚበረታታ ነው። ነገር ግን አንድ ኢትዮጵያዊ ተመራማሪ የምርምሩን ውጤት ፥ ሐሳቡን ለህገሩ ብዝኃ ተደራሲ በራሱ ቋንቋ ለመግለጽ መቻል ይገባዋል። ያንን ለማድረግ የቋንቋው አቀም መዳበር አለበት። ለቋንቋው መዳበር ደግሞ ትልቁን ግብአት የሚሰጠው አዳዲስ ግኝቶችን ለመግለጽ ሲወጠር ነው።

እንዲሆን ሥነ-እንቅስቃሴን እና የሥነ-ፈለክ ሊቃውንት ከጥንት ጀምሮ የፕላኔቶችን እንቅስቃሴ ለመቀመር ያደርጓቸውን ሐተታዎች እና የቀመሯቸውን መተንብዮች በመጀመሪያዎቹ ሁለት ምዕራፎች ቀንጭበን እንመለከታለን። ሦስተኛው ምዕራፍ የኒውተንን የሥነስበት ሥነሥፍራዊ ትንተና ይዟል። ምዕራፉ ቀደምት የግሪክ የሥነሥፍራ ምሁራን ያበለጿቸውን ስለሚጠቀም አንባቢው ጸሐፊው በሥነቁጥር እና በሥነሥፍራ ላይ ያሳተመውን መጽሐፍ (አንተነህ ብሩ, 2024a) ቀድሞ እንዲያነብ ይመከራል። ምዕራፍ አራት የኒውተንን የስበት ቀመር በአሞች መልኩ ለማስቀመጥ የሚጠቅሙ ሒሳባዊ ሐረጎችን ባጭሩ ይዳስሳል። ምዕራፍ አምስት በኒውተን የስበት ቀመር ውስጥ የስበት ያዊት ን ለመወሰን ሄነሪ ካቨንዲሽ የተባለ እንግሊዛዊ የተፈጥሮ ተመራማሪ እና ፈላስፋ ያበለጸገውን የጥምዘት ሚዛን አሠራር እና ሥነስሌት ይዟል። በመጨረሻው ምዕራፍ የኒውተን የስበት ንድፈ ሐሳብ ጉድለቶችን ባጭሩ ያቀርባል። መጽሐፉን ለመረዳት የሥነሥፍራ ዕውቀት ይጠይቃል። ለዚሁ እንዲሆን አንባቢው (አንተነህ ብሩ, 2024a)ን ቀድሞ እንዲያነብ ይበረታታል።

መልካም ንባብ።

ምዕራፍ ፩: የኒውተናዊ ሥነ-እንቅስቃሴ ሕግጋት

የኒውተንን የስበት ሥነሥፍራዊ ትንተና ከማቅረባችን በፊት መሠረታዊ የሥነእንቅስቃሴ ብይኖችን እና ሕጎችን ማየት ያስፈልገናል፡፡ ሥነ-እንቅስቃሴ የነገሮች ሥፍራ የመቀያየር ሁኔታ ሲሆን ሥነ-እንቅስቃሴ የነገሮችን የእንቅስቃሴ መርኅ የሚያጠና የቁስ እና ቁሳዊ ነፋሳት ጥናት ዘርፍ ነው (አንተነህ ብሩ, 2024c)፡፡

ቅድመ ኒውተን

በቀደምት የግሪክ የፍልስፍና ትምህርት ቤቶች ሁለት ተቃራኒ ጽንፎች የረገጡ አስተሳሰቦች ነበሩ፡፡ አንዱ እንቅስቃሴ ለዐይኖችን የሚመስለን (እንደ ምትህት ያለ) እንጅ በእውን የሚሆን አይደለም ሲል ሌላው እንቅስቃሴ በሁሉም የሰፈነ ነው ፣ በነገሮች ሥርዓት ውስጥ ዐረፍት የለም ይላል፡፡ አሪስጣጣሊስ ከርሱ ቀድሞው ፣ በርሱም ጊዜ የነበሩ ፈላስፎችን እሳቤ ፣ የራሱን ሙግት እና ሐተታ በፊዚካ መጽሐፉ አቅርቧል፡፡ የአሪስጣጣሊስ የእንቅስቃሴ ሐተታ ውጤቶች (አሪስጣጣሊስ, ፲፱፻፹፱)፡፡

- ሁሌም እንቅስቃሴ ነበር ፤ ለዘለዓለም እንቅስቃሴ ይኖራል፡፡
- ሹረታዊ (rotational) እንቅስቃሴ ቀዳሚው እንቅስቃሴ ነው፡፡

- ያለ እንቅስቃሴ የሆነ ቀዳሚ አንቀሳቃሽ (prime mover) አለ።

- ዕረፍት የእንቅስቃሴ ተቃራኒ ነው። እንዲሁም የራሳቸው ተቃራኒ ያላቸው እንቅስቃሴዎች አሉ። ወደ ላይ መንዛ ወደ ታች የመንዛ ተቃራኒ ነው።

ከአሪስጣጣሊስ ሐተታ በኋላ ሐተታ እንቅስቃሴ በሰፊው ያንሰራራው በዴስካርተስ ነው (ደስካርተስ, $\overline{1596}$)። ዴስካርተስ ሦስት የእንቅስቃሴ ሕጎችን ደነገገል።

- በራሱ የተተወ የትኛውም ነገር ባለበት ሁኔታ ይቀጥላል። የሚገታው ከሌላ የሚንቀሳቀስ ነገርም መንቀሳቀሱን ይቀጥላል።

- በራሱ በነጻነት የተተወ ተንቀሳቃሽ አካል በቀጥታ መሥመር ይንዛል።

- ከራሱ በላይ ጠንካራ የሆነ ነገር ጋር የተጋጨ አንድ ነገር ከእንቅስቃሴው ምንም አያጣም። ከደካማ አካል ጋር ቢጋጭ ፡ ለሌላው አካል የሰጠውን ያህል እንቅስቃሴ ያጣል።

ከዴስካርተስ በኋላ በእንቅስቃሴ ላይ አዳዲስ ምልከታዎች መነሳት ጀምረዋል። በተለይም ጋሊሊዮ (ሐውኪንግ, $\overline{1988}$) እንቅስቃሴን በሦስት ዋናዋና ክፍሎች በመከፋፈል ተመልክቷል። የመጀመሪያው ስለ ወጥ እንቅስቃሴ ነው ፤ ሁለተኛው በምድር ስበት የሆነ ጠብታ የሚመለከት ነው ፤ ሦስተኛው ደግሞ ውንጭፍ እንቅስቃሴዎችን በተመለከተ ነው። በያንዳንዱ ላይ ብይኖችን ፤ ቅቡሎችን እና

ዓረፍተሞገቶችን በማስቀመጥ ፤ ሥነ-ሥፍራን በመጠቀም ማረጋገጫዎችን እና ትንታኔዎችን አስቀምጧል።

ጋሊሊዮ በጥንቃቄ እንደበየናቸው ፤ እስካሁንም በፊዚካ መጻሕፍት እንደሚገኙት:-

- በእኩል የጊዜ ርዝመት የተካለሉ ርቀቶች ራሳቸው እኩል ከሆኑ እንቅስቃሴዉ ወጥ እንቅስቃሴ ነዉ። ስለዚህም በወጥ እንቅስቅሴ ወጥ ፍጥነት (የማይለዋወጥ ፍጥነት) ይኖራል።

- በመነሻዉ ዕሩፍ የነበረ ድንጋይ ከከፍታ ላይ ሲለቀቅ በተከታታይ የፍጥነት ጭማሬ እያገኘ እንደሚሄድ የሚታወቅ ነዉ። ቀደም ብሎ በአሪስጣጣሊስ የፊዚካ ፍልስፍና ፤ ነገሮች ወደ ምድር የሚወድቁበት ፍጥነት እንደ ከብደታቸዉ (ወደፊት በደንብ ይበየናል) ነዉ የሚል ድምዳሜ ላይ ደርሶ ነበር። ጋሊሊዮ በጥንቃቀቄ ሙከራዎችን በማድረግ ፤ ከብደት የሚጫወተዉ ሚና እንደሌለ ደመደም። ይኸ ለዘመናት የቆየ አስተሳሰብ ፤ የዕለት-ተለት ልምዳችንም እንደዚሁ ነዉ የሚለን ሁኔታ ፤ ጥዩቅ አለመሆኑ በጋሊሊዮ ምርመራ ተረጋግጧል። በዴስካርተስም በተወሰነ መልኩ የተገለጸዉን የአየር ተጋትሮ ተጽእኖ በሚገባ መመልከትና ከሙከራዎቹ መነጠል ችሎ ነበር። ያልተወረወረ እና ምንም ዐይነት መነሻ ፍጥነት ያልተሰጠዉ ቁስ አካል በስበት ምክንያት የሚያደርገዉን መዉደቅ ፤ ጋሊሊዮ በተፈጥሮ

የተመነጠቀ እንቅስቃሴ በማለት ሰይሞታል ፤ ጥብታ (free fall) እንለዋለን። ፍጥነቱ በተከታታይ በየትኞቹም እኩል የጊዜ ርዝማኔ እኩል የፍጥነት ጭማሪ የሚያደርግ እንቅስቃሴ ወጥ ምንጥቅ እንቅስቃሴ ይባላል።

- መነሻ ፍጥነት የተሰጣቸው ፤ የተወረወሩ ፤ የተቀሰቱ ፤ የተወነጨፉ ፤ የተተኮሱ ነገሮች በስበት ተጽዕኖ ሥር ሲሆኑ ያላቸውን የእንቅስቃሴ ዐይነት (የአየር ተጋትሮ በሌለበት) በ፩ እና በ፪ የተገለጹትን እንቅስቃሴዎች በድርብ የያዘ መሆኑን ያትታል። የሚሠሩትን ፈለግም ፓራቦላዊ (ደጋኖ) መሆኑን ያረጋግጣል።

የነውተን የእንቅስቃሴ ሕጎች (ነውተን, ᎢᏁᎽᏇᏇᎪ)

የነውተንን የእንቅስቃሴ ሕጎች ለመረዳት የሚከተሉት ብይኖች አስፈላጊ ናቸው።

ብይኖች

ሥፉር ሥፍር የሚለካ ፤ የሚመዘን ነገር ግን አቅጣጫ የሌለው። ለምሳሌ እንደ መጠነ ሙቀት ፤ ይዘት ፤ ስፋት ፤ ወርድ ፤ ቁመት ፤ ርቀት ፤ ጊዜ።

ቀስቶ ሥፍር ፤ ከመጠን በተጨማሪ አቅጣጫ የሚያስፈልገው። ለምሳሌ ፍስት ፤ ፍልስት ፤ ጡዘት ወዘተ የመሳሰሉት። ምን ያሕል ከሚለው ጥያቄ በተጨማሪ ወዴት የሚለውም አብሮ መታወቅ አለበት።

መጠነ-ቁስ (እንግ: mass ፤ ውክል: m) ፦ የቁስ ከቁሱ እፍግታ እና ይዘት መጣመድ የሚገኝ ልኬት ነው። በፊዚካ ብይን አንድ አካል በግየት መመንጠቅን የመቋቋም እና ከሌሎች አካላት ጋር በግዬ-ስበት የርስ-በርስ መሳሳብ አቅሙን የሚወስን የአካሉ ባሕሪያዊ ተይዞ ነው። መጠነ-ቁስ ሥፋር ልኬት ነው።

ፍዘተ-ቁስ፦ ያለበትን ሁኔታ ፤ በዕርፈትም ሆነ በቀጥታ መሥሥመር በወጥ ፍጥነት ፤ ለመጠበቅ እና ለውጥን ለመቋቋም ያለው የውስጥ የቁስ ባሕሪይ ነው። ይህ ባሕርይ ከመጠነ-ቁስ የእንቅስቃሴ ፍዘት ወይም ለውጥ እምቢተኝነት ያልተለየ ነው። አንድ ቁስ ይህን ባህርዩን የሚያወላው ያለበትን ሁኔታ የሚያስለውጥ ውጫዊ ግደት ያረፈበት እንደሆነ ነው።

ግደት ፦ በአንድ ቁስ አካል ላይ ፤ በዕርፈት ወይም በወጥ ቶሎታ መሆኑን ለማስቀየር የተሰነዘረ ድርጊት ነው። ይህ ግደት በድርጊት ውስጥ ያለ እንጅ በቁስ አካሉ ቋሚነት ያለው አይደለም። ቁስ አካሉ የደረሰበትን አዲሱን ሁነቱን የሚያስቀጥለው በፍዘተ-ቁሱ ብቻ ነው። ገፊ-ነታች ግደቶች መሠረታቸው ግፊት ፤ ድቃት ፤ ጉተታ ፤ ስበተ ፤ ወዘተ ሊሆን ይችላል።

ስሒበ ማዕከል ፦ ወደ አንድ ማዕከል የሚቃጣ ግደት ነው።

ፍልሰት (እንግ: displacement ፤ ውክል: s ወይም $\vec{s}$) በሁለት ነጥቦች መካከል አያሌ ፍኖቶች ይኖራሉ። ፍኖቶቹ

የተለያየ ርቀት ይኖራቸዋል። ፍልሰት በሁለት ነጥቦች መካከል ያለ ቀስቶ ርቀት ነው።

ፍጥነት (እንግ: speed ፤ ውክል: v) ፍጥነ-ርቀት ነው። አንድ ቁስ የተጓዘው ርቀት ሲካፈል ለታጓዘበት የጊዜ መጠን ፍጥነት ይባላል።

ቶሎታ (እንግ: velocity ፤ ውክል: v ወይም $\vec{v}$) ፍጥነ-ፍልሰት ነው። አግባባዊ ብይኑ ፍልሰት ሲካፈል ፍልሰቱ ለወሰደው የጊዜ ቆይታ ነው። ስለዚህ ቶሎታ ቀስቶ ፍጥነት ነው። ቶሎታን አሟልቶ ለመግለጽ መጠንም አቅጣጫም ያስፈልጋሉ።

ምንጠቃ (እንግ: acceleration ፤ ቀደምት የዐማርኛ ትርጉሞች፦ ፍጥንጥነት ፤ ሽምጠጣ ፤ ጥድፈያ) ፍጥነ-ቶሎታ ነው። ምንጠቃም እንደ ቶሎታ መጠን እና አቅጣጫ ያለው ቀስቶ ሥፍር ነው።

ሕግጋት

ኒውተን ለሐተታው ዋነኛ ግብአት የሆኑ ሦስት የእንቅስቃሴ ሕጎችን ደንግጓል (ኒውተን, ፲፮፻፹፯)።

የመጀመሪያው የኒውተን የእንቅስቃሴ ሕግ የዴስካርተስን የመጀመሪያ እና ሁለተኛ የእንቅስቃሴ ሕጎች አጣምሮ የያዘ ነው። ጋሊሊዮም እንደ ኒውተን እጥር ምጥን ባለ ዓረፍተ ነገር አይግለጸው እንጂ ፤ ዴስካርተስ የማይታዩ ያላቸውን የእንቅስቃሴ እንቅፋቶች የአየርን ተጋትሮ ፤ ግደ ፍትጊያን ፤

የስበትን ተጽእኖ በመተንተን ፤ ለምን ሕግ ፪ በዕለት ተለት ዕይታችን ክሱት እንዳልሆነ አትቷል፡፡

ሦስቱ የነውተን የእንቅስቃሴ ሕጎች የፍዘት ሕግ ፤ የግደት እና ምንጠቃ ወደረኛነት ሕግ እንደሚከተለው ቀርበዋል፡፡

ሕግ ፩: የፍዘት ሕግ

የትኛውም አካል ፤ በማያርፉበት ግደቶች ተጽዕኖ ፤ ያለበትን ሁኔታ እንዲቀይር ካልተደረገ በቀር በዕሩፍነቱ ወይም በወጥ እንቅስቃሴው ይቀጥላል፡፡

ሕግ ፪: የግደት-ምንጠቃ ወደረኛነት

የቁስ የእንቅስቃሴ ልውጠት[9] ፤ ቁሱ ላይ ካረፈበት አንቀሳቃሽ ግደት ጋር ወደረኛ ነው ፤ [እንቅስቃሴው] የሚያደርገውም ግደቱ ወደሚያርፍበት አቅጣጫ ነው፡፡

ሕግ ፫: የግብረ አጸፋ ሕግ

ለየትኛውም ግብር ሁሌም በተቃራኒ [አቅጣጫ] እና [በመጠን] እኩል የሆነ ግብረ-መልስ[10] አለ ፤ ወይም የሁለት አካላት አንዱ በአንዱ ላይ የሚያደርግ የጋራ ግብር በመጠን እኩል ሲሆን አቅጣጫቸው ወደ ተቃራኒው ክፍል ነው፡፡

---

[9] እንቅስቃሴ = ትመት (የመጠነቁስ እና የፍሎታ ብዜት)
[10] ግብረ መልስ (reaction) ፤ ምላሽ ሂስ (feedback)

ምዕራፍ ፪: ቅድም ነዉተን የሥነ-ፊሲክ እና የፍኖተ ፕላኔት ድርሰቶች

የሰዉ ልጅ በሰማይ የሚሆነዉን ነገር መከታተል ከጀመረ ብዙ ሺህ ዓመታት ተቆጥረዋል። በሰማይ ከሚያያቸዉ ከዋክብት እና ፕላኔቶች ጋር ትንበያዊ ፣ ተመስጧዊ ፣ አምልኮታዊ ግንኙነት ፈጥራል። በጊዜ ሂደት ደግሞ የእንቅስቃሴያቸዉን ድግግሞሽ በማጤን ፣ መንገዳቸዉን ፣ ከምድር ያላቸዉን ርቀት ፣ የሚዞሩበትን ማዕከል መርምሯል። ይህ ምርመራዉ ዘመናዊ የሥነፊሲክ ጥናትን አስገኝቷል። የሰዉ ልጅ ባካባቢዉ ያሉትን የፀሐይ ጮፍሮች አልፎ የኮከቦችን ሥርዓት ፣ እጅግ ከፍተኛ የሆነ ስበት ያላቸዉን ዕሙቅ ዓለማት ፣ ሌሎች ጋላክሲዎችን በአቅራቢ መነጽሮች ተመልክቷል የአወቃቀራቸዉንም ሥርዓት መርምሯል። በዚህ ምዕራፍ ከነዉተን ቀድሞ የነበረዉን የሰዉ ልጅ የሥነፊሲክ ጥናት እና መተንበዮች ብልጻጋ በወፍ በረር እንመለከታለን።

የምድር ማዕከልነት እና የፀሐይ ማዕከልነት ቅንቀናዎች

የሰማይ አካላት የሚያደርጓቸዉ እንቅስቃሴዎች ተደጋጋሚ እና ዑደታዊ መሆኑ የዕለት ከዕለት ዕይታችን የሚያስረዳን ነዉ። ይኸ ማለት እነሁ አካላት በአንድ የጋራ ነጥብ ዙሪያ የሚንቀሳቀሱ ናቸዉ ማለት ነዉ። ይኸ የጋራ ቦታ የት ነዉ የሚለዉ ጥያቄ ለዘመናት ያከራከሩ ሁለት ሐሳቦችን አስተናግዷል። ለዐይናችን ግልጽ የሆነ አንድ ነገር አለ። ምድር ስትንቀሳቀስ አናያትም። በተለይም ምድር

አትንቀሳቀስም ካልን መሆን ያለበት ብቸኛው ድምዳሜ እኒህ ሰማያዊ አካላት ሁሉ በምድር ዙሪያ ይዞራሉ ማለት ነው። ይኸ ድምዳሜ ከቀደምት ፈላስፎች በፕላቶም በአሪስጣጣሊስም የተቀነቀነ ሐሳብ ነበር።

የአሪስጣጣሊስ መከራከሪያ (አሪስጣጣሊስ Αριστοτέλης) እንደሚከተለው ነው።

- "እሳት በተፈጥሮው ከማዕከል ወደ ውጭ የሆነ እንቅስቃሴ እንዳለው ሁሉ ፣ መሬትም እንዲሁ ተፈጥሯዊ እንቅስቃሴ አለው። የመሬት ተፈጥሯዊ እንቅስቃሴ ከእሳት በተቃራኒ ወደ ማዕከል ነው። የትኛውም ቁራጭ መሬት የሚሄድበት ሥፍራ ፣ ሁሉም መሬት የሚሄድበት ሥፍራ እንዲሆን ግድ ነው። አንድ ነገር በተፈጥሮው የሚሄድበት ሥፍራ ነገሩ በተፈጥሮው ዕረፍ የሚሆንበት ቦታ ነው።

መሬት ሁሉ ወደ ላይ ቢወረወር ወደ ምድር ይመለሳል። ስለዚህ ምድር የሰማያት ማዕከል ናት ፣ መሬት ሁሉ ተፈጥሯዊ እንቅስቃሴው ወደ ማዕከል በመሆኑ ፣ ምድርም የመሬት ክምችት በመሆኗ ፣ በተፈጥሮዋ ዕረፍ ናት።"

  - "የመሬት ተፈጥሯዊ እንቅስቃሴ ፣ በከፈልም ሆነ በሙሉ ወደ ሙሉው ማዕከል ነው። መሬት ወደ ምድር ማዕከል የሚወድቀው ፣ የመሬት ማዕከል ምድር ስለሆነ ነው ወይስ የሁሉም ነገር ማዕከል ምድር በመሆኗ ነው? የእንቅስቃሴያቸው ዓላማ ወደ ሁለንታው ማዕከል መሆን አለበት። እሳትም ከማዕከል ወደ ውጭ የሚንበለበለው ፣ መሬትም

ወደ ምድር የሚወድቀው እንደ ዕድል ሆኖ የምድር
ማዕከል ከሁለንታው ማዕከል ጋር በመገጣጠሙ
ነው፡፡ የከቡድ ነገሮች እንቅስቃሴ ወደ ምድር
ማዕከል መሆኑ ሲወድቁ ትይዩ ሳይሆኑ ወደ አንድ
ማዕከል ያም ወደ ምድር ማዕከል መውደቃቸው
ነው፡፡ ስለዚህ ምድር የሁለንታው ማዕከልና እና
ዕሩፍ ናት፡፡ ነገሮች በኃይል እጅግ ተርቀው
በቀጥታ ወደላይ ቢወረወሩም ወደ ነብሩበት
ይመለሳሉ፡፡ ከነዚህ ነገሮች አኳያ ምድር
አትንቀሳቀስም ከሁለንታው ማዕከል ውጭ
አይደለችምና፡፡"

- "ከፈሉ በተፈጥሮው ወደ'ሚሄድበት መሄድ
የሙሉው ተፈጥሮ ነውና መሬት በከፈል ማዕከሉን
ትቶ የማይሄድ ከሆነ ሁለመናዋ ምድር ማዕከሏን
ትታ ልትሄድ አይቻላትም፡፡ ለመንቀሳቀስ ከራሷ
በላይ የሆነ ውጫዊ ግደት ስለሚያስፈልግ ፤
በማዕከሏ ላይ መሆን አለባት፡፡"

በመቀጠል ከሰማያት አንጻር ምድር የት ነው ያለችው?
የሚለው ጥያቄ ብዙ አወዛግቧል፡፡ በቀደምት ፈላስፎች እና
የሥነሥፍራ ሊቃውንት መካከል ስምምነት አልነበረም፡፡
አንዳንዶች የሰማያት ማዕከል ናት ሲሉ ፤ ሌሎች ደግሞ
ማዕከል አይደለችም ይሉ ነበር፡፡ አሪስጣጣሊስ ራሱ
እንደሚነግረን ፤ ምድር እንደ ሌሎቹ ፕላኔቶች ሁሉ
ተንቀሳቃሽ ነች የሚሉ ነበሩ፡፡

ፕይታጎራውያን (የፓይታጎረስ ተከታዮች) ምድር በማዕከላዊ እሳት ዙሪያ ትዞራለች ፤ በዚሁ ዘረቲም ቀንና ሌት እንዲፈራረቁ ታደርጋለች ፤ በማዕከላዊ እሳቱና በምድር መካከልም ሌላ ፀረ-ምድር አለች ፤ ፀረ-ምድር ማዕከላዊ እሳቱን እንዳናይ ትጋርደናለች ብለው ያስቡ ነበር።

ከአሪስጣጣሊስ ሐተታ እንደምንረዳው ሌሎችም ምድር ትንቀሳቀሳለች የሚሉ ነበሩ። አሪስጣጣሊስ ፤ ፓይታጎራውያንና ሌሎችንም ምድር ትንቀሳቀሳለች የሚሉትን ሁሉ "የሚታየው እውነታ የሚገልፅ ንድፈ ሐሳብ ከመፈለግ ይልቅ ዕይታቸውን ከንድፈ ሐሳቦቸው ጋር በግዴታ እንዲስማማ የሚሞክሩ" በማለት ይነቅፋቸዋል።

አሪስጣጣሊስ እንደጻፈለን ፤ ምድር ማዕከል ናት ብለው የሚያስቡት የሥነፈለክ ተመራማሪዎች ፤ ፀሐይን ፤ የጨረቃንና የፕላኔቶችን የሥሥፍራ ለውጥ ለመግለፅ በማስከተል የተሰደሩት ሁለት መላ ምቶች ነበሯቸው።

- የየዕለቱን የመምሽት መንጋት ሂደት ምክንያቱ እያንዳንዱን ሰማያዊ አካል የያዘ ሰማይ በ$\overline{\underline{\chi 0}}$ ሰዓት አንድ ሙሉ ሹረት በምድር ዙሪያ ስለሚሾር ነው።

- ሰማያቱ የያዟቸውን ሰማያዊ አካላት ይዘው ከሚሾሩት ዕለታዊ ሹረት በተጨማሪ አካላቱ በየራሳቸው ሰማይ ላይ በምድር ዙሪያ ይዞራሉ።

ከአሪስጣጣሊስ በኋላም ቢሆን ምድር ዕሩፍ እና የሰማያት ማዕከል ናት የሚለው የሥርዓተ ፈለክ አስተሳሰብ ለተወሰኑ ዘመናት ሙሉ ለሙሉ ቅቡል አልነበረም።

- ሄራክሊደስ ፖንቲከስ (390 ቅልክ – c. 310 ቅልክ) የሥርዓተ ፈለክና የፍልስፍና ምሁር ነበር። ምድር በዕለት (በ፳፬ ሰዓት) አንዴ ከምዕራብ ወደ ምሥራቅ በራሷ ዛቢያ[11] ላይ ትሾራለች ሲል መላ ምቱን አቅርቦ ነበር።

- የምድርን እንቅስቃሴ ከዘመናዊ እሳቤ ባልተራራቀ መልኩ ያቀረበው አሪስታርኪዎስ ነበር (ሄዝ, ፩፱፻፲፫)። በእርግጥም የፀሐይ መጠን ከምድር መጠን በእጅጉ የበለጠ እንደሆነ ማወቁ ፀሐይ በምድር ዙሪያ ሳይሆን ምድር በፀሐይ ዙሪያ እንደምትዞር ለመረዳት እንደረዳው ለመገመት ይቻላል። የአሪስታርኪዎስ ንድፈ ሐሳብ ከራሱ ጽሑፍ በቀጥታ አልደረሰንም። አርቺሜደስ ለጌሎን ከጻፈው ደብዳቤ ላይ ግን እንዲህ ይነበባል (ሄዝ, ፩፫፻፱፻፴)።

"ንጉሥነትዎ እንደሚረዱት አብዛኞቹ የሥነ-ፈለክ ተመራማሪዎች ዩኒቨርስ የሚሉት፣ ምድርን ማዕከሉ አድርጎ ፤ ዳርቻውን እስከ ፀሐይ የሆነን ጠፈር ነው። ይህ መደበኛው ከሥነ-ፈለክ ተመራማሪዎች የሚሰሙት ነው። ነገር ግን

---

¹¹ቃሉ የተለመደ በመሆኑ ነው እንጂ ፤ እንዝርት የሚለው የተሻለ የሚወክል ይመስለኛል።

አሪስታርኪዎስ የተወሰኑ መላ ምቾችን የያዘ መጽሐፍ አቀርቧል። በመላቶቹም መሰረት ፤ ዩኒቨርስ ከተጠቀሰው 'ዩኒቨርስ' በእጅጉ የሚበልጥ መሆኑ ይታያል። እንደ መላምቶቹ ፀሐይ እና ከዋክብቶች የማይንቀሳቀሱ ሲሆኑ ፤ ፀሐይ ማዕከል ሆና ምድርም በክብ ምህዋር[12] በፀሐይ ዙሪያ ትዞራለች። … "

ምናልባትም ለተወሰነ ጊዜ የአሪስታርኪዎስ የፀሐይ ማዕከልነት ንድፈ ሐሳብ ከምድር ማዕከልነት ንድፈ ሐሳብ ጋር ተፎካካሪ ሐሳብ ሆኖ ቆይቷል። ከጥቂት ምኢት ዓመታት በኋላ በምድር ማዕከልነት ላይ ተመሥርቶ የፕላኔቶችን የፀሐይና የጨረቃን እንቅስቃሴ ለመተንበይ የሚሆን መተንብይ (model) በክላውዲዎስ በጦለሚ ተበለጸገ (ፈትዝፓትሪክ, ፳፻፲፯; በጦለሚ, 1984)። በጦለሚ (፹፬-፻፷፪ ድልክ) በግብጽ ፤ በባሕረ እስከንድርያ ይኖር የነበረ የአሪጣጣሊሳዊ የሥን-ፈለክ እሳቤን (ከተወሰነ መሻሻል ጋር) አቀንቃኝ የነበረ የሥርዓተ ፈለክ ተመራማሪ ፤ የሥን-ካርታ እና የሒሳብ ሊቅ ነበር። በጦለሚ የምድርን ማዕከልነት በመከራከር ፤ ምድርን ማዕከል ያደረገ የሥን-ፈለክ ሒሳብ በማበልጸግ ፤ የፀሐይ ማዕከል ፀንስ ሐሳብ ላይ ከሺ፫፻ ዓመታት በላይ የቆየ የመዝጊያ ሚስማር ቸንከረበት።

ምድር ትንቀሳቀሳለች ፤ አትንቀሳቀስም በሚለው ክርክር በጦለሚ አትንቀሳቀስም የሚለው አሪስጣጣሊሳዊ ሐሳብ

---

¹²መዘሪያ (orbit) እንደማለት እንጠቀምበታለን በዐረብኛ ግን የእንግሊዘኛውን axis ይወክላል።

ደጋፊ ነበር። እንደ በጦለሚ ክርክር የምድርን የመንቀሳቀስ ሐሳብ የሚቃረን ሰመያዊ መረጃ ባይኖርም እንኳን ምድር ላይ ሊሆን ከሚችለው አንጻር ይህ ሐሳብ እዚህ ግባ የሚባል አይደለም። «እንበልና ይህ ተፈጥሮዋዊ ያልሆነ ነገር ይሆናል ብለን ብናምንላቸው» ይላል በጦለሚ «ይህ የምድር መሾር እጅግ ትርምስ የሚፈጥር በሆነ ነበር። ምክንያቱም

- ምድር ባጭር ጊዜ አንድ ሙሉ ሹረት ከምዕራብ ወደ መስራቅ ስትሾር በምድር ላይ ያልቆሙት ነገሮች ሁሉ ፤ የሚበሩ ነገሮች ፤ ደመናዎች ወደ ምሥራቅ ሲሄዱ አይታይም ነበር። ምክንያቱም ምድር በሹረቲ ስለምትደርስባቸው ሁሉም ቁሶች ወደ ምዕራብ በዞሩም ነበር።

- አየሩም በምድር ሹረት ፍጥነት እና አቅጣጫ ይዞራል ቢሉ ፤ በአየር ውስጥ ያሉ ከቡድ ነገሮች ምንጊዜም ወደኋላ ይተው ነበር። ነገሮች ሁሉ አብረው ልክ እንደ አየሩ ከምድር ጋር የሚዞሩ ቢሆን ፤ የሚበሩም ሆነ የተወረወሩ ነገሮች ፤ ወደፊትም ወደኋላም እንቅስቃሴ ባልኖራቸው ነበር።

ነገር ግን በምንም ዐይነት የምድር እንቅስቃሴ ያለመታወክ ፤ እንደነዚህ ዐይነት እንቅስቃሴዎችን ሁሉ በግልጽ እናያለን።»

የፕላኔታዊ ጉዞ ሥርዓት እና መተንብዮች ብልጻጋ ሂደት

የሥነፈለክ አጥኝዎች ፕላኔቶች እንደሚንቀሳቀሱ እና እንቅስቃሲያቸው ተደጋጋሚ እንደሆነ በሂደት ተረድተዋል። የእነዚህን ፕላኔቶች እንቅስቃሴ ፤ የሚውሉበትን የሰማይ ክፍል ማወቅ ብዙ እርባና አለው ብለው አስበዋል። እንቅስቃሲያቸው ተደጋጋሚ በመሆኑ ፤ እንቅስቃሲያቸውን ከምድራዊ ክስተቶች ጋር ፤ ከድርቅ ፤ ከጎርፍ ፤ ከሌሎቹም ተፈጥሯዊ አደጋዎች እና ክስተቶች ጋር በማያያዝ ሊደርስ የሚችለውን ቀድሞ ለመተንበይ ፈልገዋል። ይህ እና አጠቃላይ የሰው ልጅ የሚሆነውን ቀድሞ የማወቅ ጉጉት ተደማምረው ፤ የሥነፈለክ መተንብዮችን ለማበልጸግ መነሳሳትን ፈጥሯል። እስኪ ጥቂቶቹን እንዳስሥ።

የበጦለሚ ምድር አማከል ሥርዓተፈለክ (በጦለሚ, 1984)

በጦለሚ የምድርን የማትንቀሳቀስ የሁለንታው ማዕከል እንደሆነች በማሰብ አልማጀስት[13] (ፈትዝፓትሪክ, ፳፻፲፫; በጦለሚዋስ, 1984) የተሰኘ የፀሐይን ፤ የጨረቃን እና የፕላኔቶችን እንቅስቃሴ ለማስላትና ለመተንበይ የሚረዳ መጽሐፍ ጻፈ። ይህ መጽሐፉ ፤ ከሱ በፊት የነበሩ የሥነ-ፈለክ ዕውቀቶችን በማጠቃለል ያቀረበበት ነው። ምንም እንኳን በዘመናዊ የሥነ-ፈለክ አስተምህሮ የበጦለሚ መነሻ ሐሳቦች የተፈረሱ ቢሆንም ፤ የበጦለሚ ሥነ-ፈለክ ብዙ ጠቃሚ ሐሳባት ያሉት ናቸው። በተለይም የስሌት መዋቅሩ

ምድርን ማዕከል ስለሚያደርግ ለምድራዊ ተመልካች በቀላሉ ጥቅም ላይ ሊውል የሚችል ነው። የበጠለሚ ቀመረ መተንብይ የሚከተሉትን ግብአቶች በወስጡ ይይዛል።

- የሰማያዊ አካላት ጉዞ በወጥ ክብ ነው ፤ ፀሐይ ፤ ጨረቃ ፤ ፕላኔቶች ፤ እና ከዋክብት ሁሉ በምድር ዙሪያ ይዞራሉ።

- ሁለት ዐይነት እንቅስቃሴዎች አሉ። ሰማያት ምድርን በጁዐ ሰዓት አንዴ ይዞራሉ። ፀሐይ ፤ ጨረቃና ፕላኔትቶች ከሰማያት ጋር ከሚያደርጉት እንቅስቃሴ በተጨማሪ የራሳቸውን ጉዞ በምድር ዙሪያ ያደርጋሉ።

- የሰማያዊ አካላት ቁሳዊ ይዘትና ውስጠ ባሕርይ አይለዋወጥም።

- ምድር ድቡልቡል ናት ፤ አትንቀሳቀስም ፤ በሰማያት ማዕከል ናት።

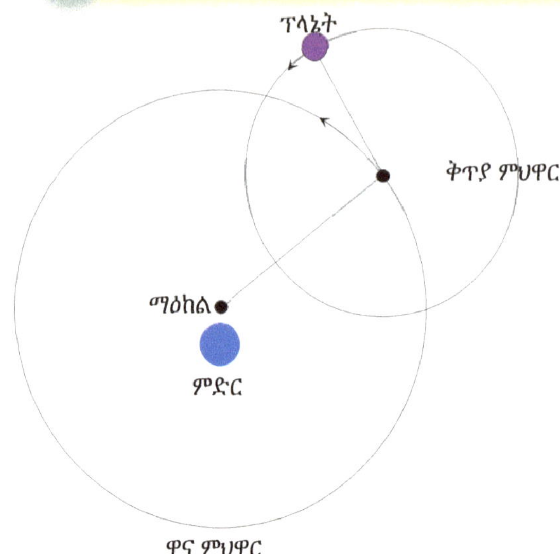

ሥዕል 1: የዋና እና ቅጥያ ምህዋራት አወቃቀር በበጦለሚያዊ ሥርዓተ ፈለክ

በበጦለሚ ሥርዓተ መተንብይ ፕላኔቶች የሚንቀሳቀሱት በዋና (deferent) እና በቅጥያ (epicycle) ክብ ምህዋራት ላይ ነው። ዋና ምህዋሩ ክብ ሲሆን ማዕከሉ ከምድር ማዕከል ውጭ ነው። የዋናው ምህዋር ማዕከል መሃል ወጥ ይባላል። ስለዚህ ምድር አማካል (geocentric) ሥርዓተ ውቅር ይባል እንጅ የምድር ማዕከላዊነት ሙሉ በሙሉ ተግባራዊ አያደርግም ነበር። የመሃል ወጥ ሐሳብ ሲጸነስ ምድርን ከማዕከልነት በመግፋት በተለያየ የምህዋሩ ከፍል ያለውን የፕላኔቶች የፍጥነት ልዩነት ለመግለጽ ነበር። በዋናው ምህዋር ላይ ቅጥያ ምህዋር ተጨምሯል። አንድ ፕላኔት በቅጥያ ምህዋሩ ላይ ስትዞር ፤ ቅጥያ ምህዋሩ ደግሞ በዋናው ምህዋር ላይ ይዞራል። ቅጥያ ምህዋሩ ያስፈለገው ፕላኔቶች አልፎ አልፎ የኋልዮሽ ጉዞ (retrograte motion) ስለሚያደረጉ ያንን ለመግለጽ ነበር። በጦለሚ ሥርዓቱን

ሲቀርጽ ከአሪስጣጣሊስ ሐሳቦች በተግባር የተጠቀመው ሰማያዊ አካላት በከብ ምህዋር ይዞራሉ የሚለውን ብቻ ነበር ።

ከተጓዳኝ ምንጮች እንደተረዳሁት ፤ የሩቅ ምሥራቅ እና የፋርስ የሥርዓተ ፈለክ ተመራማሪዎች የበጠለጪን ሥራ ተቀብለው ተጨማሪ ማሻሻያዎችን አድርገውባቸው ነበር።

- በ፲፪ኛው መቶ ክፍለ ዘመን የበጠለጪን ሥራዎች በመጠራጠር ማሻሻያ ካደረጉት አንዱ አቡ አሊ አል-ሃሰን ኢብን አል-ሃሰን ኢብን አል-ሃይታም ነበር። አንዳንዶች ዳግማዊ በጠለሚ ይሉታል። ከአል-ሃሰን ማሻሻያዎች አንዱ በጠለሚ ከምድር ውጭ ያደረገውን የዋና ምህዋር ማዕከል ወደ ምድር ማዕከል መመለስ ፤ በተጨማሪም በቅጥያ መዘሪያው ላይ ተጨማሪ ቅጥያ መዘሪያ በማድረግ ፤ ቃሉ እንደሚለው እውነተኛ ምድር አማከል ሥርዓተ ውቅር መቀመር ነበር (ሳምሶ, 2001) ።

- ከነዚህም ውስጥ በየዕለቱ የሚታየው የቀንና የሌሊት መፈራረቅ ምክንያቱ የምድር በዘቢያዋ ላይ መሽር ነው ብለው የሚያምኑም ነበሩ። ከነዚህ ውስጥ አንዱ የፋርሱ የሒሳብና የኮከብ ቆጠራ ባለሞያ የነበረው አቡ ሰኢድ አል-ሲጂስታኒ ነበር (Mahadavi, 2021)። ከሥነ-ፈለክ ትንብያ አንጻር በሰማያት መሽር ላይም ቢመሰረት በምድርም መሽር ላይ ቢመሰረት ውጤቱ አንድ ዐይነት ነው።

- የፕላኔቶች ምህዋር ክብ ነው የሚለውን በአሪስጣጣሊስ የተቀነቀነ ፤ በበጦለሚም ሥርዓተ ውቅር ውስጥ ግብአት የሆነውን ሐሳብ በመቃረን የሜርኩሪ ምህዋር ከበባዊ[14] መሆኑን አቡ ኢሻቅ ኢብራሂም አል-ዘርቃሊ የተባለ የሥነፈለክ ተመራማሪ ነበር (ፑኢግ, 2007)። በላቲን ጽሑፎች ውስጥ አርዛቸል ይሉታል። ለክብሩም በጨረቃ ላይ ያለ ጉድጓድ በስሙ ተሰይሟል።

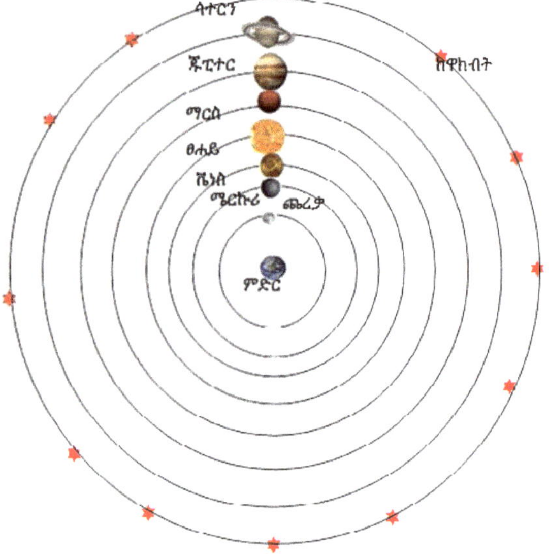

ሥዕል 2: የበጦለሚ ምድር አማከል ሥርዓተ አፍላክ አሰዳደር

---

¹⁴ Ellipse ምላል ክብ

ኒኮላስ ኮፐርኒከስ እና የፀሐይ አማከል ሥርዓተ ፈለክ ማንሰራራት

(ኮፐርኒከስ, ፲፬፻፸፫; ሓውኪንግ, ፪የፀ)

የበጦለሚ ዚኻ በፈርስ እና በመካከለኛው ምሥራቅ ተመራማሪዎችነቀፉና ማሻሻያ ቢደረግበትም ፤ ለረኹም ዘመን በሥርዓተ ፈለክ ተመራማሪዎች ዘንድ እንደ መሠረታዊ የሥነ-ፈለክ መረጃ ሆኖ እስከ ፲፭ኛው መቶ ክፍለ ዘመን ቆየ። የአሪስታርኪያስ ፀሐይ አማከል ሥርዓተ ውቅር በታሪክ ማኅደር ውስጥ ደብዝዞ ቆየ። ለዚህ ደግሞ የበጦለሚ ሥርዓተ ውቅር የአሪስጣጣሊስን አስተሳሰብ ፤ መተንበይ ወደሚችል ሥርዓት በመቀየር እና ቀደምት ፕርጣጌዎችን በማክሰም የራሱን ድርሻ አበርክቷል።

የአሪስታርኪያስ ፅንስ ሐሳብ እንደገና ያቆጠቆጠው በ፲፭ኛው መቶ ክፍለ ዘመን በኒኮላ ኮፐርኒከስ ነው። ኒኮላስ ኮፐርኒከስ የ፲፭ኛው መቶ ክፍለ ዘመን ፓላንዳዊ ቄስ እና የሒሳብ ሊቅ ነበር። የዘመናዊ ሥነ-ፈለክ መስራች እንደሆነ ይታሰባል። ኮፐርኒከስ ሕግና ሕክምናንም አጥንቷል። ፳፱ ጥርብ ድንጋዮችን በመግዛት ፤ መጋቢት ፲፮የፅ፲ እ.አ.አ. ከዋክብትን የመመልከቻ ሰገነት ገነባ። በዚያም የሥነ-ፈለክ መለኪያዎችን በመጠቀም የፀሐይን ፤ የጨረቃን ፤ የከዋክብትን እንቅስቃሴ አጠና። በዚሁም ጥናቱ የአሪስጣጣሊስና የበጦለሚ የሥነ-ፈለክ እሳቤ የሚያረካ አለመሆኑን ተመለከተ። በምርምሩም ምድር ከፕላኔቶች አንዷ እንደሆነችና ፀሐይም የጠፈር ማዕከል እንደሆነች አመነ (ሓውኪንግ, ፪የፀ)።

የምድር በዛቢያዋ ላይ መሾር እና በምህዋሯ ላይ መዞር ፤ በአሪስጣጣሊሳዊ እና ተከታዮቹ ሒሳብ ተኳይሎ ፤ በተለይም ከበጦለሚ በኃላ ፤ ለብዙ ዘመናት ደብዝዞ (ጠፍቶ) ቢቀርም በኒኮላስ ኮፐርኒከስ እንደገና አንሰራራ።

የኮፐርኒከስ መተንብይ ግብአቶች የሚከተሉት ናቸው

- ፕላኔቶች በከብ ዙር በፀሐይ ዙሪያ ይዞራሉ።

- ፀሐይ በከቡ ማዕከል ላይ እና ዕሩፍ ናት።

- የፕላኔቶች ፍጥነት ያዊት ነው።

- ምድርም ከፕላኔቶች አንዷ ናት።

- ምድር በዛቢያዋ ላይ በ፳፬ ሰዓት አንድ ጊዜ ትሾራለች። ይህ ሹረቷ የቀንና የሌሊትን መፈራረቅ ያስከትላል።

በወቅቱ ፤ የአሪስጣጣሊስ እና የበጦለሚ ሥነ-ፈለክ እሳቤ ይከተሉ የነበሩ የሃይማኖት መሪዎች እና የሥነ-ፈለክ ባለሞያዎች ይህ አስተሳሰብ አልተዋጠላቸውም። ኮፐርኒከስ የነበረነትን ማንበረሰብ አስተሳሰብ በመረዳቱ ይመስላል ፤ በመጽሐፉ መግቢያ ላይ ለሮማው ጳጳስ ጳውሎስ ሦስተኛ እንዲህ ሲል ጽፏል።

"ቅዱስ አባት ፤ ስለ ጠፈራችን ፕላኔቶች መዞር ስጽፍ ፤ የምድርንም እንቅስቃሴዎች በነዚህ መጻሕፍት ውስጥ እንዳካተትኩ ሲያውቁ አንዳንድ ሰዎች ወዲያውኑ እነን እና ሐሳቤን ከመድረክ ለመወርወር እንደሚቻኩ በቀላሉ

ማሰብ እችላለሁ። ... ሐሳባቸው በዘመናት ፍርጃ እንደተረጋገጠ ሁሉ ፣ ምድርን ፍጹም ዕሩፍ እና የሰማያት ማዕከል ናት የሚለውን እሳቤ የሚያውቁ ሁሉ ምድር ትንቀሳቀሳለች ብየ ባውጅ (assert) ይህን አስተምህሮ ምን ያህል እርባና ቢስ እንደሚያደርጉት ሳስብ ለረዥም ጊዜ የምድርን እንቅስቃሴ ማስረጃ ጽሁፎቼን ወደ ብርሃን ለማምጣት በጣም ተቸግሬ ፣ ምናልባትም የፍልስፍናቸውን ምስጢር በጽሑፍ ሳይሆን በቃል እናም ለዘመዶቻቸውና ለጓደኞቻቸው የሚያስተላልፉ የፓይታጎራውያንና የሌሎቹም ፣ ለምስክር ከልይሲስ ለሂፓራቹስ ደብዳቤ ፣ ምሳሌነት መከተል አይሻል ይሆንን ስል አስቤ ነበር።..."

በጠለሚ የምድር መሾር ትርምስ ይፈጥራል ብሎ መጨነቅ የለበትም ይላል ኮፐርኒከስ ፣ ምክንያቱም የምድር እንቅስቃሴ ተፈጥሮሯዊ እንጅ ትርምስ ያለው አይሆንም። "ስለምን በጠለሚ በታላቅ ቶሎታ ስለሚሾረው ሰማይ አይጨነቅም?" በማለትም ይጠይቃል (በጠለሚ ሰማያት በአንድ ዕለት ሙሉ ዙር ይዞራሉ ስለሚል።)

"መርከብ ፀጥ ባለ ውቅያኖስ በሚቀዝፍበት ወቅት ፣ ለተጓዦቹ ከመርከቡ ውጭ ያሉ ነገሮች የራሳቸው እንቅስቃሴ መስታይት [በተቃራኒ አቅጣጫ] እንደሚንቀሳቀሱና ራሳቸው ደግሞ ዕሩፍ እንደሆኑ ያስባሉ።

ስለዚህም እንደዚሁ በምድርም ዓለም ሁሉ በክብ እንደሚንቀሳቀስ ይመስላል። ስለደማናትና ሌሎችም በአየር

ስለሚንሳፈፉ ፣ ስለሚጉኑና ስለሚወድቁ ነገሮኽ ምን እንላለን ምድርና ፣ አብራት ያለው ውኃማ አካል በዚህ መንገድ የሚንቀሳቀሱ ብቻ ሳይሆን የአየሩም ትንሽ አካላት እና ሌሎቹም ከምድር መሠረት ዝምድና ያላቸው ሁሉ ጭምር እንጅ?''

በኮፐርኒከስ የሥርዓተ ፈለክ ቅንብር የማርስን የኊልዮሽ ጉዞ አለ ቅጥያ መዘሪያ መገለፅ ተቻለ። በበጦለሚ የሥርዓተ ፈለክ ቅንብር የነበሩ አንዳንድ ድሪቶዎችን አላስፈላጊዎች ሆኑ። የአንዳንድ ፕላኔቶችን እንቅስቃሴ ለመግለጽ ግን ኮፐርኒከስም ቅጥያ መዘሪያ አስፈልጎት ነበር። የቅጥያ መዘሪያዎችን ብዛት ግን ለበጦለሚ ሥርዓተ ፈለክ ቅንብር ከሚያስፈልገው ያነሰ ነበር።

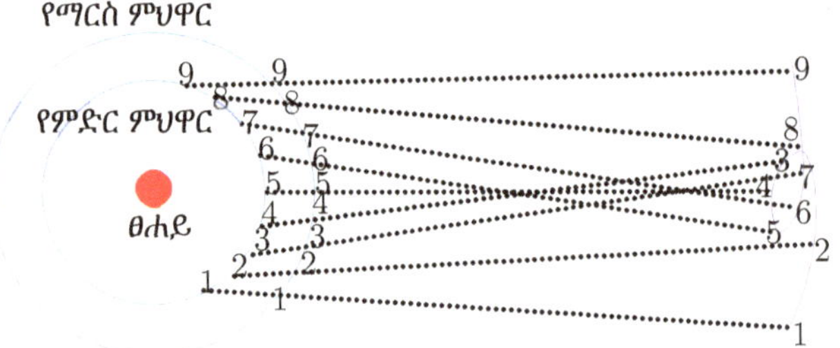

ሥዕል 3: የማርስ የኊልዮሽ ጉዞ

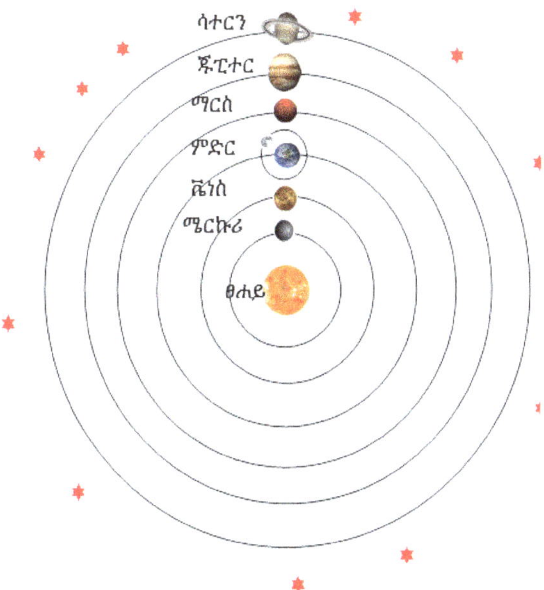

ሥዕል 4: የኮፐርኒከስ የሥርዓተ ፀሐይ አደራደር

ጋሊሊዮ ጋሊሊ እና የፀሐይ አማከል ሥነፈለክ (ጋሊሊዮ, 1564-1642)

ጣሊያናዊ የሒሳብ ፥ የፊዚካ ፥ የሥነፈለክ ተመራማሪ ነበር። አቅርቦ መመልከቻ አጉይ መነጽር በመሥራት የጁፒተርን አራት ጨረቃዎች ተመክልቷል። የምድርን ጨረቃ ገጾች በመቃኘት ሥዕላዊ መረጃ አቅርቧል። የፀሐይ ነቁጦችን በመመልከት ሥዕላዊ መግለጫ አቅርቧል። በመጨረሻም ሁለቱን ዋና የዓለም ሥርዓት የተመለከተ ውይይት፡ የበጦለሚውስንና የኮፐርኒከስን (Dialogo sopra li due massimi sistemi del mondo: Ttolemaico, e Ccopernicono) የተሰኘ መጽሐፍ በጣሊያንኛ አሳተመ። በዚሁ መጽሐፉ ፥ የካቶሊክ ቤተክርስቲያን የኮፐርኒከስ መጽሐፍ እንዳይሰራጩ ያደረገቸውን ዐዋጅ የሚሞግት ነበር። የፀሐይ ማዕከልነት

ንድፈ ሐሳብ መላ ምት (ግምት) ብቻ ሳይሆን እውነት ነው የሚል ነበር። በተለይም የጁፒተር ጨረቃዎች ምድርን ሳይሆን ጁፒተርን ሲዞሩ በመመልከቱ ፤ ሁሉም ሰማያዊ አካላት ምድርን ይዞራሉ የሚለው የበጦለሚን ሐሳብ ሊቀበለው አልቻለም ነበር። ይህ መጽሐፉ ግን ምስጋናን አላመጣለትም። በመናፍቅነት ከስ ተመሰረተበት። (በወቅቱ የካቶሊክ ሃይማኖት «የበላይ ጠባቂዎች» ፤ ምድር የዓለም ማዕከል አይደለችም ፀሐይ እንጅ ፤ ምድር እንደሌሎቹ ፕላኔቶች ትንቀሳቀሳለች የሚሉት ሐሳቦች አልተዋጡላቸውም)። ፍርድ ለመስጠት ከተቀመጡት ፲፪ ዳኞች ፤ ፲፪ቱም ምድር አትንቀሳቀስም የሚል አቋም ያዙ። በዚሁም ፍርድ ጋሊሊዮ ጥፋተኛ ተብሎ ፤ መሳሳቱን እንዲያምን ተገደደ። በተጨማሪም የእስራት ፍርድ ተፈረደበት። በእስራትም ፤ በ፫፻ ዓመቱ ከዚህ ዓለም እስከተለየበት ድረስ ለ፱ ዓመት ቆይቷል ። የቫቲካን ቤተክርስቲያን ይህ ፍርድ ትክክል አለመሆኑን በቅርብ ከ፲፱፻፺ ዓመት በኋላ አምና ይቅርታ ጠይቃለች። ጋሊሊዮ ከዮሐንስ ኬፕለር ጋርም የደብዳቤ ግንኙነት ነበረው። ምንም እንኳን ኬፕለር ጋሊሊዮ የኮፐርኒከስን ንድፈ ሐሳብ ፤ የፀሐይን ማዕከልነት ፤ በግልጽ እንዲደግፍ ቢፈልግም ፤ ጋሊሊዮ ወዲያውኑ ይህን አላደረገም። ይልቁንም ሌሎች ፍላጎት ያሳደሩበት ዘርፎች ላይ አትኩሮ ነበር (ሐውኪንግ, ፶፱፮)።

ዮሐንስ ኬፕለር ሕጎች እና የተሟሟላው ፀሐይ አማከል የሥርዓተ ፈለክ ቅንብር (ኬፕለር, ፲፮፻፴; ሐውኪንግ, ፳፻፮)

የአሪስጣጣሊስና የበጠለሚ ሥርዓተ ፈለክ ቅንብር መሠረቶች አብዛኞቹ ተፈርስዋል። አንድ ግብአት ግን በቋሚነት ነበር፡ ይኸውም ሰማያዊ አካላት በክብ ምህዋር ይዞራሉ የሚለው ነው። ይኸ አስተሳሰብ ተግዳሮት ያጋጠመው ለመጀመሪያ ጊዜ በአቡ ኢሻቅ ኢብራሂም አል-ዛርቃሊ ነበር (Mahadavi, 2021)። እሱም የሜርኩሪ ምህዋር ከብ ሳይሆን ከበብ ነው የሚል ድምዳሜ ላይ በመድረሱ ነው። በስተቀረ ኒኮላስ ኮፐርኒከስም ቢሆን ፤ ከምድር አማከል ሥርዓተ ወደ ፀሐይ አማከል ሥርዓት የርዕዮተ ዓለም ለውጥ ሲያደርግ ፤ የፕላኔቶች ጉዞ በክብ መሆኑን ተቀብሎ ነበር። ቀጣዮን የሥነፈለክ እንቆቅልሽ ፍች ያሚላው ዮሐንስ ኬፕለር ነበር።

ዮሐንስ ኬፕለር ጀርመናዊ (፲፭፻፸፩ - ፲፮፻፴ እ.አ.አ.) የሥነ-ፈለክ ተመራማሪ ነበር። ኬፕለር እ.አ.አ. በታኅሳስ ፳፯ ፲፭፻፸፩ በውርተምበርግ (አሁን በጀርመን ውስጥ በምትገኝ) ቦታ ተወለደ። አባቱ ፤ ሄንሪች ኬፕለር ፤ ቤተሰቡን በመተው ፤ ሚሲዮናውያን ጋር በመሆን የፕሮቴስታንት ሃይማኖትን መግነን ለመጣታት በተለያዩ ወቅት ወደ ሆላንድ ይዘምት ነበር። ወጣቱ ኬፕለር ከእናቱ ጋር ይኖር ነበር። እናቱን ያሳደገቻት አክስቷ በቡዳነት ተከሳ በቁም ተቃጥላ ነበር። እናቱም በቡዳነት ተከሳ ኬፕለር ተሟግቶ ነጻ አድርጓታል ይባላል (ሐውኪንግ, ፳፻፮)።

ኬፕለር በማስላት አባዜ ከመያዙ የተነሳ የራሱን የእርግዝና ወራት <u>፱የ፷፬</u> ቀን ፤ ከ <u>፱</u> ሰዓት ፤ ከ <u>፶፫</u> ደቂቃ መሆኑን አስልቶ ነበር ይባላል። ኬፕለር የገንዘብ ችግር ነበረበት። ስለዚህ ባብዛኛው ኮከብ ቆጠራን (የጥንቆላ ሥራን) እንደ ገቢ ማግኛ ይጠቀም ነበር (ሐውኪንግ፣ <u>፩የ፪</u>)። ብዙ ልጆችም ሞተውበታል። በዚህ ወቅት ፤ የከዋክብትን እንቅስቃሴ በአንክሮት ይከታተልና ፤ ሌሎች ፕላኔቶች በፀሐይ ዙሪያ ቢዞሩም ፤ ምድር ግን በራሷ ዘቢያ ዙሪያ ከመዞር በቀር በፀሐይ ዙሪያ አትዞርም በሚል መነሻ ሐሳብ ብዙ ምልከታዎችን ያደረገ የሥነ-ፈለክ ተመራማሪ ታይኮ በራሄ ፤ ለብዙ ጊዜ የሰበሰባቸውን ልኬቶች እንዲመረምር በረዳትነት ተቀጠረ። ታይኮ ከዴንማርክ መሳፍንት ወገን ነበር። ታይኮ በራሄ የኮፐርኒከስን ፀሐይ አማከል ሥርዓት ሊቀበል ያልቻለባቸው ሁለት ምክንያቶች እነዚህ ሁለቱ ናቸው ይላሉ (ሐውኪንግ፣ <u>፩የ፪</u>)

- የኮፐርኒከስ የፀሐይ ሥርዓት መዋቅር በቫቲካን ቤተክርስቲያን ተቀባይነትን አላገኘም ነበር ፤ ታይኮ በራሄ ደግሞ ጥሩ ምዕመን ነበር።

- ምድር በፀሐይ ዙሪያ የምትዞር ከሆነ ትክል ከዋክብት ተመሳሳይ የቦታ ለውጥ ሲያደርጉ መታየት ነበረባቸው።

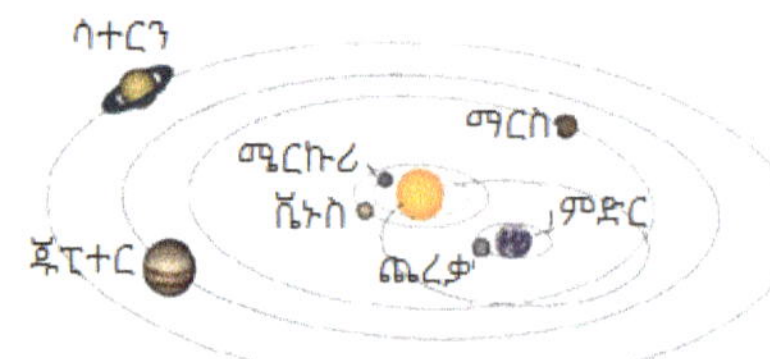

በወቅቱ ጥሩ አጉይ መመልከቻ የነበረው ቢሆንም የትክል ከዋክብቱን እንቅስቃሴ ልክ እንደ ፀሐይ ዓመታዊ እንቅስቃሴ (ውልብታ) ሲያደርጉ አላስተዋለም። ለዚህም

የኮፐርኒከስን ውቅር በመጣል ፤ ምድር ዕሩፍና የጠፈር ማዕከል ናት ሲል ደመደመ፡፡ኬፕለር ከበራዬ በተቀዳሚነት ያገኘው ልኬት የማርስን ነበር፡፡ (በራዬ ብዙ ልኬታዎችን ቢያደርግም ፤ ሙሉውን ለኬፕለር አልሰጠውም ነበር፡፡) የበራዬን የማርስ ልኬት በጥንቃቄ በማስላት ፤ የማርስ ምህዋር ከበብ መሆኑን ደመደመ፡፡

ታይኮ በራዬ ከሞተ በኋላ ታይኮ በራዬ የሰበሰባቸውን ልኬቶች በፕላኔቶች የጉዞ መርጎ ላይ ላደረጋቸው መደምደሚያዎች ግብአት አድርጓቸዋል፡፡

ኬፕለር በግኝቱ እጅግ ደስ ብሎት እንደነበር ከመጽሐፉ ከተወሰደው የሚከተለው አንቀጽ መረዳት ይቻላል፡፡

«ከግብጽ እቅፍ ውጭ የአምላኬን ቤተ ጸሎት ለመግንባት የግብጾችን የወርቅ ፅዋ እንደሰረቅሁ በልብ ሙሉነት ለመናዘዝ እደፋራለሁ፡፡ ምህረት ብታደርጉልኝ ደስ ይለኛል፡፡ ብትዘልፉኝም እታገሳለሁ፡፡ ቀለሙ ተበጥብጧል ፤ አሁንም ይነበብ በመጭው ትውልድም ይነበብ ግድ አይሰጠኝም መጽሐፉን እየጻፍኩት ነው፡፡ አንባቢ እስኪያገኝ ለምኢት ዓመት መጠበቅ እችላለሁ ፤ እግዚአብሐርም ምስክሩን ለ፮ሺ ዓመታን ጠብቋል፡፡» (ኬፕለር, 1571-1630)

የኬፕለር ሥርዓተ ፈለክ የቅጥያ መዘሪያዎችን አላስፈላጊነት አረጋገጧል፡፡ የአሪስጣጣሊስ እና የበጦለሚ ሥርዓተ ፈለክ ውቅር ግብአቶች

- የምድር ዕሩፍነት

- የምድር የሥርዓተ ፈለክ ማዕከልነት

- የሰማያዊ አካላት ምህዋር ክብነት

ሁሉም ተፈርሰዋል። የኮፐርኒከስን ይሁንታዎችንም እንደሚከተለው አሻሽሏቸዋል።

- የፕላኔቶች ምህዋር ክብ ሳይሆን ክበብ ነው።

- ፀሐይ ማዕከል ላይ ሳትሆን አንደኛው የምህዋሩ የትኩረት ነጥብ ላይ ናት።

- ፕላኔቶች የሚንቀሳቀሱበት ፍጥነትም ሆነ ፍጥነ-ዘዌ[15] ያዋት አይደሉም ነገር ግን የሚያካልሉት ፍጥነ-ስፋት ያዋት ነው።

የታይኮ በራሄን ልኬቶች በጥንቃቄ በማጥናት የሚከተሉትን ፤ አሁን በተለምዶ የኬፕለር የፕላኔቶች የእንቅስቃሴ ሕግ የሚባሉትን ሦስት ሕጎች አረቀቀ።

፩) የፕላኔቶች ምህዋር በአንዱ ትኩረት ነጥብ ላይ ፀሐይን የያዘ ክበብ ነው።

L የክበቡ ቃ-ጎን ቢሆን ፤ $\varepsilon = \sqrt{1 - \dfrac{b^2}{a^2}}$ የክበቡ መሃል-ወጥ ቢሆን እና ከፀሐይ እስከ ፕላኔቷ ያለው ርቀት r ቢሆን ፤ በክበብ ምህዋሩ ላይ የሚከተለው ማዳር እውን ነው። ሥዕል 5ን ተመልከት።

---

[15] ፍጥነ ዘዌ -angular velocity

$$r = \frac{1}{2}\frac{L}{(1 + \varepsilon\cos\theta)}$$

- $\theta = 0$ ፕላኔቷ ከማናቸውም ጊዜ በላይ ለፀሐይ ቅርብ ትሆናለች። ይኸ የሚሆንበት የምህዋሩ ነጥብ **ቀራብ ምህዋር** (perihelion) ይባላል።

- $\theta = 180$ ፕላኔቷ ከማናቸውም ጊዜ በላይ ከፀሐይ ሩቅ ትሆናለች። ይኸ የሚሆንበት የምህዋሩ ነጥብ **ሩቅ ምህዋር** (aphelion) ይባላል።

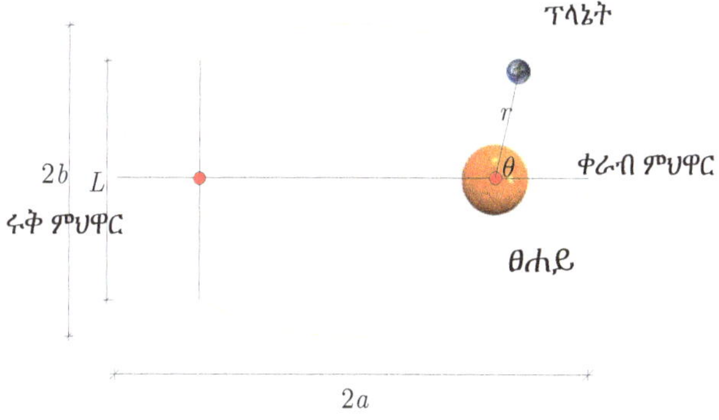

ሥዕል 5: የኬፕለር የፀሐይ እና የፕላኔቶች የአቀማመጥ ሥርዓት በከበባዊ ምህዋር

፪) ፀሐይን ከፕላኔት የሚያገናኝ የሐሳብ መሥመር በእኩል ጊዜ እኩል ስፋት ያካልላል።

በኢምንት ጊዜ dt ፕላኔቷ ኢምንት መጠነ-ስፋት dA ታካልላለች። የመጠነ-ስፋቱ ፍጥነ ልውጠት እንደሚከተለው ይገኛል።

$$\frac{dA}{dt} = \frac{1}{2}\omega r^2 \ ፤ \ \omega = \frac{d\theta}{dt}$$

የሚካላለው ስፋት ፍጥነ ልውጠት ያዊት ስለሆነ ፤ የሥፋቱን ፍጥነ ልውጠት በወሩደ ጊዜ (period) T በማባዛት ጠቅላላ ስፋቱን እናገኛለን፡፡ a የክበቡ ዐብይ አውታር ግማሽ ቢሆን b የክበቡ ንዑስ አውታር ግማሽ ቢሆን መጠነ-ስፋቱ $A = \pi ab$ ያህል ነው፡፡

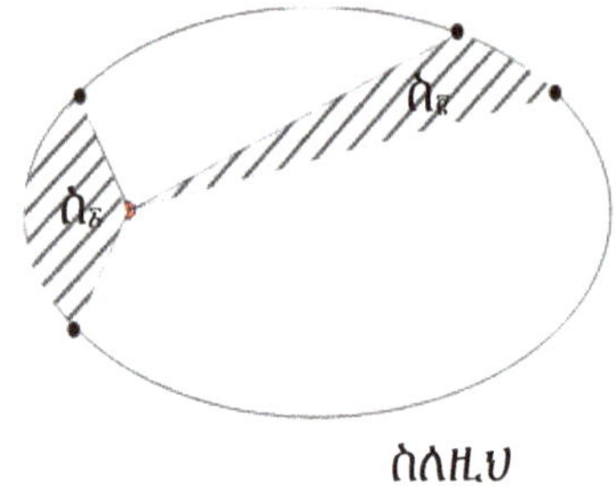

ስለዚህ

$$T\frac{1}{2}\omega r^2 = \pi ab$$

እንደሚከተለው ይቀናበራል

$$\omega r^2 = abn$$

$n = \frac{2\pi}{T}$ የፕላኔቲ አማካይ እንቅስቃሴ ይባላል፡፡ ፕላኔቲን ሙሉ ዙር ለማጠናቀቅ የሚያስፈልጋት ፍጥነ-ዘዌ (angular speed) ነው፡፡

፫) የፕላኔት ዐውደ ጊዜ ካሬ ከክበብ ምህዋሩ ዐብይ አውታር ኩብ ጋር ወደረኛ (proportional) ነው፡፡

$$T^2 = ka^3$$

k የወደረኛነቱ ያዊት (ወደረኛነቱን አቻ የሚያደርገው ያዊት) ነው፡፡

የኬፕለርን ሕጎች የሚከተል ፕላኔታዊ እንቅስቃሴ ምንጠቃ ስሌት በአባሪ 3 ላይ ይገኛል። ኬፕለር ዘመናዊ የሥርዓተ ፈለክን ንድፈ ሐሳብ አሟልቷል። የሚቀጥለው የእንቆቅልሹ ፍች የነውተን የሥነ-ስበት ንድፈ ሐሳብ ነው።

ምዕራፍ ፫: የኒውተን የስበት ሕግን መድረሻ ሥነሥፍራዊ ትንተናዎች

አሁን በዚህ መጽሐፍ ልንዳስሰው ወዳሰብነው መሠረታዊ ይዘት ወደ ኒውተን የስበት ሕግ ድርሰት ቀርበናል (ኒውተን, ፲፮፹፯; ሓውኪንግ, ፪የ፬)።

ኒውተን የሥነ-ስበትን ንድፈ ሓሳብ የጠነሰሰው የዛፍ ፍሬ ስትወድቅ በመመልከት ነው የሚል የተለመደ ትርከት አለ። ነገር ግን የኒውተንን ሥራ በጥንቃቄ ስንመረምር ለሥራው መነሻ የሆነው የኬፕለር የፕላኔት እንቅስቃሴ ሕጎች እና የጋሊሊዮ መሠረታዊ የምድር ስበት ጥናት እንደነበሩ ግልጽ ነው። በ፲፮፹፯ ድልክ እ.አ.አ. የንጉሣዊ ማኅበረሰብ አባላት የነበሩት ሮበርት ሁክ ፤ ኤድመንድ ሃሊ እና ክሪስቶፈር ሬን የተባሉ ግለሰቦች የፕላኔቶችን እንቅስቃሴ ስለሚገዛ የስበት ሕግ (ሓውኪንግ, ፪የ፬)

አንድ ፕላኔት ከፀሐይ ካላት ርቀት ግልባጥ ካሬ ሃይል ጋር ወደረኛ በሆነ ግደት ወደ ፀሐይ ብትሳብ የፕላኔቷ ምህዋር ምን ዐይነት ትልም ይሆናል?

በሚል ርዕስ ሙግት ላይ በነበሩበት ወቅት ፤ ሮበርት ሁክ ከኬፕለር ሁለተኛ ሕግ በመነሳት የግደ-ስበት እና የርቀት ካሬ ግልባጥ ዝምድናን ማግኘቱን ነገር ግን ለሁሉቱ ለጊዜው እንደማይገልጽላቸው ይነግራቸዋል።

በዚሁ የሁክ ግትር አቋም የተበሳጨው ሃሊ ፣ ካምብሪጅ በመሄድ ስለ ሁክ ልፈፋ (claim) ለኒውተን ነግሮታል።

ኒውተንም አንድ ፕላኔት ከርቀቱ ካሬ ጋር ወደረኛ በሆነ ግደት ወደ ፀሐይ ብትሳብ የፕላኔቱ ምህዋር ከበብ እንደሚሆን ከ፳ ዓመት በፊት እንዳረጋገጠ ፤ ማረርጋጫውን የጻፈበትን ወረቀት ቢሮው ውስጥ ለጊዜው የት እንዳስቀመጠው እንደማያስታውስ ነግሮታል።

በሃሊ ጥያቄ ኒውተን ማረጋገጫውን በሦስት ወር ውስጥ አሻሽሎ መልሶ አቀረበ። ለሚቀጥሉት ፲፰ ወራት ሐሳቦቹን በማዳጎስ አበለጸጋቸው። ሐሳቦቹ በሦስት መጻሕፍት ተጠቃለው ቀረቡ። ለዚህ ሥራው ኒውተን Philosophiae Naturalis Principia Mathematica (የተፈጥሮ ፍልስፍና ሒሳባዊ መርሆች) የሚል ርዕስ ሰጠው። የመጻሕፍቱን የህትመት ዋጋም ሃሊ ሸፈነ። ጋሊሊዮ ቁሶች በግደ ስበት ወደ ምድር ማዕከል እንደሚሳቡ ሲያረጋግጥ ፤ ኒውተን ደግሞ ይኸው ግደት ፕላኔቶችን በምህዋራቸው ለሚያደርጉት እንቅስቃሴ መሰረት መሆኑን አረጋገጠ።

ይኸንኑ ሲገልጥ ኒውተን በፕሪንችፒያ መጽሐፉ ላይ እንዲህ ጽፏል።

የሚነጎትተው ስበት ነው። ለመጠነቁሱ ያለው ስበት ያነስ ሲሆን ወይንም የተወንጨፈበት ቶሎታ ትልቅ ሲሆን ከቀጥታ ፍኖቱ ያለው ልዩነትም ያነስ ይሆናል ፤ ርቆም ይኼዳል። ከተራራ ጫፍ ላይ በባሩድ ኃይል ለአድማስ ትይዩ በሆነ አቅጣጫ በአንድ መነሻ ቶሎታ የተተኮስ የመድፍ ጥይት ፤ ወደ ምድር ሳይወድቅ በከርባባዊ ፍኖት (curve) ለሁለት ማይል ቢጓዝ ፤ ይኸው ፤ የአየር ተጋትሮ ቢወገድ እና በሁለት ወይም በአሥር እጥፍ ቶሎታ ቢተኮስ ሁለት ወይም አሥር እጥፍ ርቆ ይጓዛል። ከወደድንም ፤ ቶሎታውን በመጨመር የሚደርስበትን ርቀት መጨመር እና ዙሪተ-ፍኖቱን (የፍኖቱን ጉብጠት curvature) በመጨረሻ በ፲ ፤ በ፳ ፤ በ፺ መዓርጋት እስኪወድቅ ድረስ ፤ ሳይወድቅም ሙሉውን ምድር እንዲዞር ማድረግ እንችላለን። በምጨረሻም ፤ ወደ ምድር ፈጽሞ ሳይወድቅ ፤ ወደ ጠፈር እንዲመጥቅ ጉዞውንም ያለማቋረጥ ለዘለዓለም እንዲቀጥል ማድረግ እንችላለን። በዚህ አኳኳን አንድ የተመጠቀ ነገር ፤ በምድር ዙሪያ በግደ-ስበት ምክንያት በምህዋር እንዲዞር ሊደረግ ይችላል። ጨረቃም እንዲሁ ወይ በስበት አለበለዚያም በሌላ ወደ ምድር በሚስብ ግደት በተፈጥሮዋ ትከተል የነበረውን ቀጥታ መስመሯን በመተው ያለማቋረጥ ወደ ምድር በመሳብ አሁን የያዘችውን ምህዋር ይዛ እንድትዞር ሆናለች። ያለዚህ ግደት ጨረቃ በምህዋሯ ላይ አትዞርም ነበር። ይህ ግደት ትንሽ ቢሆን ጨረቃን ከቀጥታ መስመሯ ወደ ምድር አይስባትም ነበር ፤ በጣም ትልቅ ቢሆን ፤ ከሚገባው በላይ ከምህዋሯ ወደ ምድር ይስባት ነበር። ግደቱ ልክ መጠን ሊኖረው ይገባል። ...»

የነውተን መጽሐፍ የመጀመሪያ ዕትም እንደወጣ ከሮበርት ሁክ ጋር ውዝግብ ውስጥ ገብቷል። ሁክ ግኝቱ የእኔ ነው ፤ ከእኔ ጋር በተጻጻፋቸው ደብዳቤዎች ተመርኩዞ ያገኘው ውጤት ነው በማለት ደብዳዎቹን ይፋ እብደሚያወጣ ዝቶ ነበር ይባላል። ነውተን ከሁክ ምን ያህል ሐሳብ አግኝቷል የሚለው አሁንም ድረስ ታሪኩን የሚመረምሩትን የሚያወዛግብ ነው። በተለይም ሁክ ከሞተ በኋላ ሁክን ተከቶ የትምህርት ክፍሉ የበላይ ኃላፊ የነበረው ነውተን ሁክን አምርሮ በመጥላቱና የሁክን ስነዶችና ደብዳቤዎች በማቃጠሉ ውዝግቡ የመረጃ እጦት እና መላ ምት የበዛበት እንዲሆን አድርጓል።

የነውተን አቀራረብ ለአሁኑ ዘመን ሰው ውስብስብ የሚያደርገው ፤ በዘመናችን ትኩረት የሚደረግባቸው አስተምህሮዎች አጽንኦት የማይሰጧቸው ፤ በነውተን ዘመን በጥልቀት ይጠኑ የነበሩ የከፍላተ ቅምብብ ጸባያትን በእጅጉ በመጠቀሙ ነው። ነውተን የነአፖሎኒዎስ ፤ የነዩክሊድ የሥነ-ሥፍራ ትምህርት እንደደረሰው እነዚሁን መጽሐፍት በዋቢነት ከማቅረቡ መረዳት ይቻላል። አንባቢው ጸሐፊው ያሳተመውን የሥነቁጥር እና የሥነሥፍራ መጽሐፍ ቢያነብ ቀጥሎ ያሉትን የሥነሥፍራ ሐተታዎች በቀላሉ ለመረዳት ይቻላል (አንተነህ ብሩ, 2024a)።

አስከትለን የነውተንን አዋጆች እና ሥነሥፍራዊ ትንተናዎች ነውተን በፕሪንችፒያ መጽሐፉ ካቀረባቸው መካከል ከተጨማሪ ሒሳባዊ ትንተና ጋር እንመለከታለን።

አዋጅ ፩ ፤ ጥዩቅ ፩

ዚሪ ቁስ አካላት ወደ 'ማይንቀሳቀስ የግደት ማዕከል በሚሠሩት የማዕከል ዳርቻ ርቀት (ማዳር) የሚከለሉ ክልሎች በአንድ ጠለል ላይ ያርፋሉ ፤ ሥፋታቸውም ክልሎቹ ከተተገበሩበት የጊዜ ቆይታ ጋር ወደረኛ ነው።[16]

ሐተታ

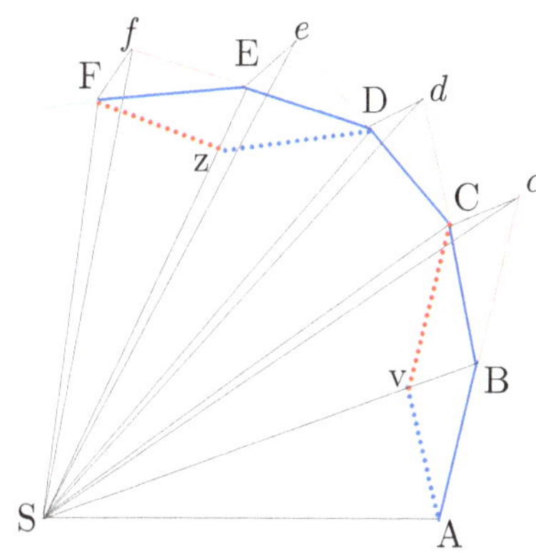

ከA እስከ B ፤ ከB እስከ C ፤ ከC እስከ D ፤ ከD እስከ E ወዘተ ለመጓዝ የሚወስደው ጊዜ እኩል ይሁን ፤ በመጀመሪያው ቆይታ ቁስ አካሉ በራሱ ባሕሪያዊ ግደት (innate force) በቀጥታ መሥመር ይጓዝ። ወደ ማዕከሉ (S) በተሰመሩ ማዳርዎች እኩል የሆኑ ሥፋቶችን ASC ፤ BSc ይከልል ዘንድ በሚቀጥለው የጊዜ ቆይታ እስካልተሰናከለ ድረስ (በፍዘተ-ቁስ ሕግ) ቀጥታ በBc ከAB ጋር እኩል በሆነ ፍኖት ላይ ወደ c ይቀጥላል።

ነገር ግን ቁስ አካሉ B ላይ ሲደርስ ስሒበ-ማዕከሉ ባንዴ ታላቅ ግደት በማሳረፍ ከቀጥታ ፍኖቱ Bc በመታጠፍ በቀጥታ መሥመር BC ላይ ፍኖቱን ይቀጥል ዘንድ

---

[16] *The areas, which revolving bodies describe by radii drawn to an immovable center of force do lie in the same immovable planes and are proportional to the times in which they are described.*

ያድርገው:: ለBS ትይዩ የሆነ፤ BCን C ላይ የሚገናኝ መሥመር ይሥመር ፤ በሁለተኛው ክፍለ ጊዜ መጨረሻ ላይም ቁስ አካሉ C ላይ ፤ ASB ን በያዘ ጠለል (plane) ላይ ይገኛል::

S እና C በቀጥታ መሥመር ይገናኙና መሥመር SC ይሥራ:: SB እና Cc ትይዩ በመሆናቸው የSBC ስፋት እና የSBc ስፋት እኩል ነው ፤ በሕገ ተማገዝኖ እሳቤም (transitivity) የSAB ስፋት እና የSBC ስፋት እኩል ነው:: በዚሁ ሐተታም ስሒብ-ማዕከሉ በተከታታይ በቁስ አካሉ ላይ ግደት ቢያሳርፍ ፤ ቁስ አካሉንም በተከታታይ (በየቅጽበቱ- ኔወተን የጊዜ ቅንጣት ይለዋል) ቀጥታ መሥመር CD ፤ DE ፤ EF ፤ ወዘተ እንዲሄድ ቢያደርግ ሁሉም መስመሮች በአንድ ጠለል ላይ ያርፋሉ የSCD ስፋት ከSBC ጋር ፤ የSDE ስፋት ከSCD ጋር፤ የSEF ስፋት ከSDE ጋር እኩል ይሆናል:: ስለዚህም እኩል ሥፋቶች በእኩል ጊዜ በአንድ አይንቀሳቀሴ ምህዋረ ጠለል ላይ ይካለላሉ::

የጎነቾቾቹን ቁጥር በመጨመር ፣ ወርዳቸውን ወደ ኢምንት (infinitum) ብናሳንሰው በመሰናሰል የሚሠሩት መጠነ ዙሪያ (circumference) ክርባዊ መሥመር (curve) ይሆናል። ስለዚህ ቁስ አካሉን ከከርባዊው መሥመር ታካኪ (tangent) መሥመር ያለማቋረጥ የሚያዘረው ስሒብማዕከላ በቁስ አካሉ ላይ ይተገብራል። የትኞቹም የተካለሉ ሥፋቶች ሁልጊዜም ሥፋቶቹ ከሚካለሉበት የጊዜ መጠን ጋር ወደረኛ (proportional) ይሆናሉ።

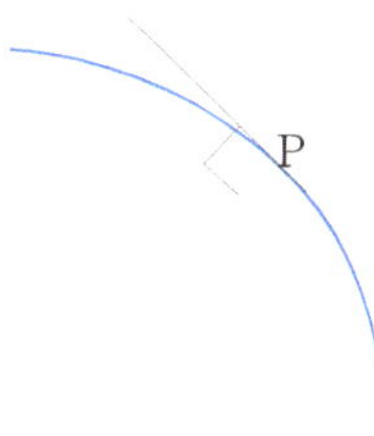

ተከታይ

- ፩) ወደ 'ማይንቀሳቀስ ማዕከል የሚሳብ የአንድ አካል ቶሎታ ከማዕከሉ ተነስቶ ለምህዋሩ ታካኪ ምስቅ (perpendicular) ከሆነ ርቀት ግልባጥ ጋር ወደረኛ ነው።

- $h_{AB}\overline{AB} = h_{BC}\overline{BC} \Rightarrow \dfrac{\overline{AB}}{\overline{BC}} = \dfrac{h_{BC}}{h_{AB}}$

$$\frac{v_{AB}t_{AB}}{v_{BC}t_{BC}} = \frac{h_{BC}}{h_{AB}}$$

ሁለቱ ርቀቶች $\overline{AB}$ እና $\overline{BC}$ በእኩል ጊዜ $t_{AB} = t_{BC}$ የተተገበሩ ርቀቶች ስለሆኑ ፣ $\dfrac{v_{AB}}{v_{BC}} = \dfrac{h_{BC}}{h_{AB}}$ ስለዚህ

$$v \sim \frac{1}{h_\perp} ::$$

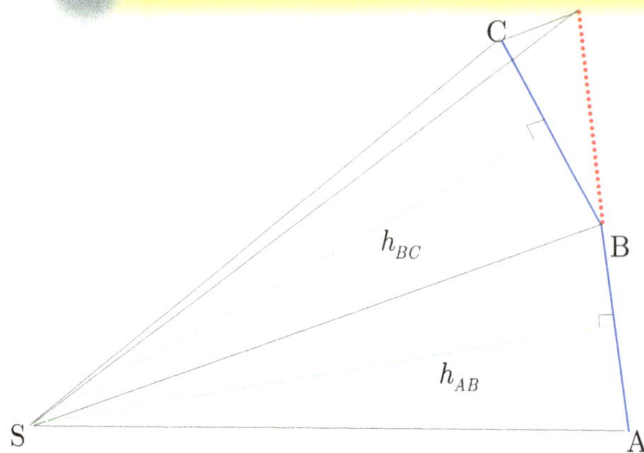

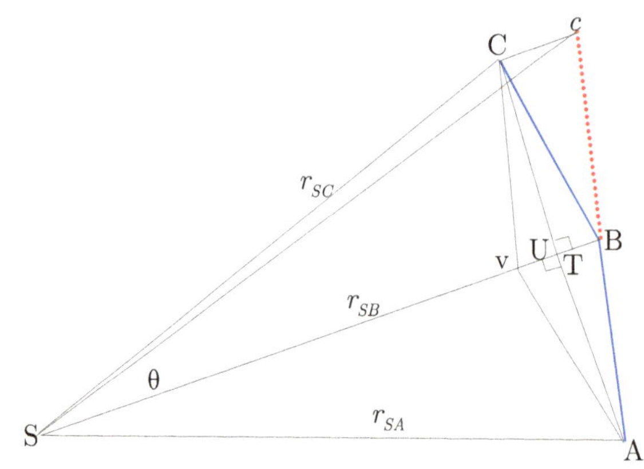

* $\overline{AB}$ እና $\overline{BC}$ በአንድ አካል በተከታታይ እኩል
  ጊዜያት በ'ማይጋተር ህዋ (in a space void of
  resistance) የተተገብሩ የክፍለ ዙር አቋራጭ
  ርቀቶች (chords of arcs) ቢሆኑና በነዚሁም
  መሰረት ትይዩ ጎነ-$\bar{\underline{0}}$ (paralellogram)ቀስቶ
  $ABCv$ ቢሠራ ፥ የክፍለ ዙሮቹ መጠን ወደ

ኢምንት ሲጠጋ ቀስቶ Bv በግደቱ ማዕከል ያልፋል።

$$BC \parallel Av \ \text{፧} \ Cv \parallel AB \ \text{፧} \ CT \perp SB \ \text{፧}$$

$$AU \perp SB \ \blacktriangle_{SBC} = \blacktriangle_{SAC} \ ^{17}$$

$$r_{SB}\overline{CT} = r_{SB}\overline{AU} \Rightarrow \overline{CT} = \overline{AU}$$

- A እና C በእጅጉ ሲቀራረቡ U እና T አንድ ነጥብ ላይ ያርፋሉ። ነጥብ T (U) በቀጥታ መሥመር $\overline{AC}$ ላይ ያርፋል።

- $Cv = vA = AB = AC$

- $\angle SvC = \angle vCc = \angle vCT + \angle TCB + \angle BCc \ \angle TCB + \angle BCc = \angle vTC$

- $\angle SvC = \angle vCc = \angle vCT + \angle vTC$

- ስለዚህ $\overline{Sv}$ እና $\overline{Bv}$ በአንድ መሥመር $\overline{SB}$ ላይ ያርፋሉ። $\overline{SB}$ በማዕከሉ ስለሚያልፍ ፧ $\overline{Bv}$ም በማዕከሉ ያልፋል።

- ጎች በሌለበት ህዋ የተተገበሩ ክፍሉ ዙር ቆራጭ መስመሮች (chords of arcs) $\overline{AB}$፧ $\overline{BC}$ እና $\overline{DE}$ ፧ $\overline{EF}$ ትይዩ ጎነ-፬ ABCV እና DEFZ ን ቢሠሩ ፧ B እና E ላይ ያሉት ግደቶች አንዱ ለአንዱ እንደ ቀስቶ $\overline{Bv}$ ለቀስቶ$\overline{Ez}$ ናቸው።

---

^{17} $\perp$- ምስቅ (perpendicular) ፧ //- ትይዩ (parallel) ፧ $\blacktriangle$- ስፋት

በኒውተን ሁለተኛ የእንቅስቃሴ ሕግ ግደት ከፍልሰት ጋር ቀጥተኛ ዝምድና አለው። ማለትም የግደት መውጣት መውረድ እንደ ፍልሰት መዉጣት መውረድ ነው። ስዕሉን በመመልከት የሚከተለውን ማለት እንችላለን።

$$F_B \sim \overline{cC} = \overline{Bv} \; \vdots \; F_E \sim \overline{fF} = \overline{Ez}$$

$$\frac{F_B}{F_E} \sim \frac{\overline{Bv}}{\overline{Ez}}$$

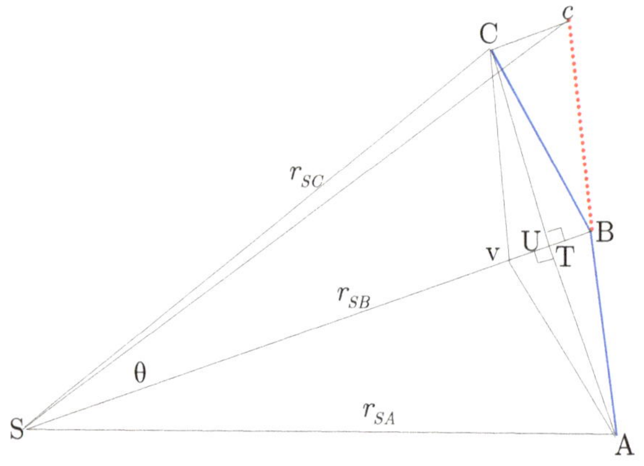

• ገች በሌለበት ህዋ (in a space void of resistance) ፤ ቁስ አካላት ከቀጥታ ፍኖት ወደ ዚሪ ምህዋር የሚሳቡበት ግደት አንዱ ለአንዱ በእኩል ጊዜ እንደተካለሉ ትንሸ ክፍል ምህዋር <u>ቨርሳን-ዘዌ</u> (versed sine) ነው። የክፍለ ዘሩ ቆራጭ ኢ,ምንት ሲሆን ቨርሳንዘዌዎቹ ወደ ግደቱ ማዕከል ያመለከታሉ ፤ የክፍለ ዘሩንም ቆራጮች እኩል ይከፍላሉ።። እንደዚሁም ቨርሳንዘዌዎቹ በተከታይ

፫. የተገለጹት ሰያፍ ጎኖች (diagonals) ግማሾች ናቸው::

- $BC \parallel Av$ ፤ $Cv \parallel AB$ ፤ $CT \perp SB$ ፤$AU \perp SB$ $\blacktriangle_{SBC} = \blacktriangle_{SAC}$ ፤ $r_{SB}\overline{CT} = r_{SB}\overline{AU}$ $\Rightarrow \overline{CT} = \overline{AU}$ ፤ A እና C በእጅጉ ሲቀራረቡ U እና T አንድ ነጥብ ላይ ያርፋሉ::

$$\overline{Cv} = \overline{vA} = \overline{AB} = \overline{BC}$$

በመሆኑም

$$\overline{BT} = \overline{Tv} \ ፤ \ \overline{BT} = \frac{1}{2}\overline{Bv}$$

$$\overline{BT} = r_{SB} - r_{SC}\cos\theta_{BC}$$

$$\approx r_{SB}(1$$

$$- \cos\theta_{BC})$$

$$F_B \sim r_{SB}(1 - \cos\theta_{BC})$$

አዋጅ ፬ ፤ ጥየቃ ፬

አንድ ቁስ አካል ከማይንቀሳቀስ ወይም በወጥ ቶሎታ ከሚጓዝ ማዕከል አንጻር በአንድ ጠለል ውስጥ በተወሰነ ማዕከል ዙሪያ ርቀት በየትኛውም ዜሪ ምህዋር ላይ ቢጓዝ ቁስ አካሉ ወደ ማዕከሉ በሚያመራ ግደ-ስበት ይሳባል::

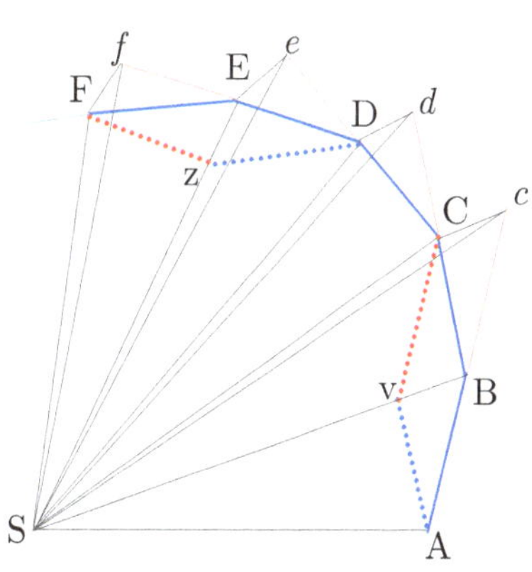

በዜሪ ምህዋር የሚጓዝ የትኛውም ቁስ አካል ከቀጥታ ፍኖቱ በመለየት እንዲዞር (እንዲያፈገፍግ) የሚሆነው (በነፃ ውፈን

የመጀመሪያ የእንቅስቃሴ ሕግ መሠረት) በሚስበው ግብረ ግደት ነው፡፡

ሁኔት(case) ፩) ቁስ አካሉን ከቀጥታ የጉዞ ፍኖቱ የሚያፈገፍገውና በእኩል ጊዜ እኩል ስፋት እንዲያካልል የሚያደርገው ያ ግደት (በዮክሊድ አባላት መጽሐፍ አዋጅ እና በሕግ ፪) B ላይ ለcC ትይዩ በሆነ አቅጣጫ ፣ ማለትም በBS አቅጣጫ C ላይ ለdD በሆነ አቅጣጫ ማለትም በCS አቅጣጫ ወዘተ ነው፡፡ ስለዚህም ግደቱ ሁልጊዜም ወደ አይንቀሳቀሴ ማዕከሉ ያመለክታል፡፡

ሁኔት ፪) ድምዳሜው ማዕከሉና ተጓዡ አካል ያሉበት ህዋ ዕሩፍ ቢሆንም የሚንዝ ቢሆንም አይለወጥም፡፡

ተከታዮች

- ጎች በሌለበት ህዋ (non-resisting mediums) አካሉ በእኩል ጊዜ የሚያካልላቸው ሥፋቶች እኩል ካልሆኑ ግደቱ ወደ ማዕከሉ የሚያመራ አይደለም፡፡ በእኩል ጊዜ የሚያካልላቸው ሥፋቶች መጠን እየጨመረ ከሄደ ፣ ከአንድ ማዕከል በመለየት ጉዞው ወደተመራበት የግደፍዘት አቅጣጫ ይጋዛል፡፡ መጠነ ስፋቱ እየቀነሰ ከሄደ ደግሞ ወደ ተቃራኒው አቅጣጫ እየቀረበ ይመጣል፡፡

- ጎች ባለበት ህዋ ቢሆን አካሉ በእኩል ጊዜ የሚያካልላቸው መጠነ-ስፋት እየጨመረ ከሄደ ፣ የግደቶቹ አቅጣጫ ማዕከል ዳርቻዎቹ

ከሚገናኙበት   በመለየት   ግደ-ፍዞቱ
ወደሚፈቅደዉ አቅጣጫ ይሄዳል።

አዋጅ ፫ ፤ ጥዮቅ ፫

አንድ ቁስ አካል ሌላዉን ቁስ አካል ማዕከል በሚያደርግ
ምህዋር ላይ በእኩል ጊዜ እኩል ስፋት ቢያካልል ፤ ቁስ አካሉ
ወደ ማዕከሌዉ አካል በስሒበ ማዕከል (centripetal
force) እና ማዕከሌዉን አካል በሚያመነጥቅ የግደቶች
ሁሉ ቀስቶ ድምር (vector sum) ይሳባል።

ዚሪዉ አካል L ፤ ማዕከሌዉ አካል ደግሞ T ይሁኑ።
ማዕከሌዉ አካል ለሚቃጣበት እኩል እና ተቃራኒ በሆነ
አዲስ ግደት ምክንያት ሁለቱም አካላት በትይዩ አቅጣጫ
ቢቃጡ ቁስ አካሉ ከማዕከሌዉ አካል አንጻር በእኩል ጊዜ
እኩል መጠነ-ስፋት ማካለሉን ይቀጥላል። ነገር ግን
ማዕከሌዉ አካል ይቃጣበት የነበረዉ ግደት በእኩል እና
ተቃራኒ ግደቱ ይጣፋል። ስለዚህ (በሕግ ፪) ለግብረ ባሕርዩ
ይተዋል (ማለትም ለሕገ ፍዘት) ፤ በመሆኑም ወይ ዕሩፍ
ይሆናል ወይም በወጥ ቶሎታ ይጓዛል። ዚሪዉ አካል
በቀረዉ ግደት (በግደቶቹ ልዩነት) በማዕከሌዉ አካል ዙሪያ
እንደቀድሞዉ በእኩል ጊዜ እኩል መጠነ-ስፋት ማካለሉን
ይቀጥላል። ስለዚህ (በጥዮቅ አዋጅ ፪) የግደቶቹ ልዩነት ወደ
ማዕከሌዉ የሚያመራ ነዉ።

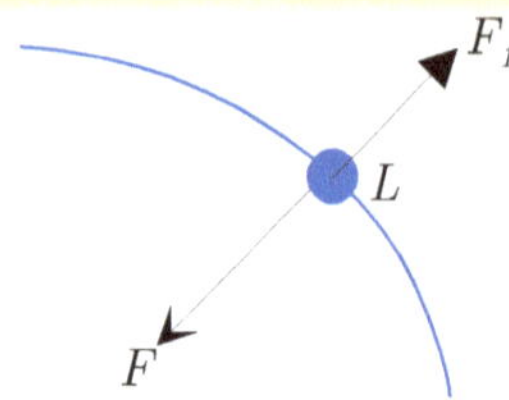

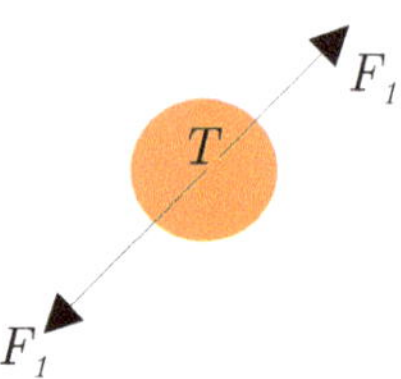

ተከታዮች

- ስለዚህ ዚሪው አካል ከማዕከሌው አካል አንጻር በእኩል ጊዜ እኩል ስፋት ቢያካልል በዚሪው አካል ላይ ከሚቃጣው ግደት ላይ በማዕከሌው አካል ላይ የሚያርፈውን አመንጣቂ ግደት ብንቀንስ ቀሪው ዚሪው አካል የሚቃጣበት ግደት አቅጣጫ ወደ ማዕከሌው አካል ነው፡፡

- በእኩል ጊዜ የሚካለሉ ሥፋቶች ተቀራራቢ ሲሆኑ የቀሪው ግደት አቅጣጫ ወደ ማዕከላዊው አካል አቅጣጫ ይቀርባል፡፡

- እንደዚሁም በግልባጩ የቀሪው ግደት አቅጣጫ ወደ ማዕከላዊው አካል ለማምራት ቢቀርብ ፤

የሚካለሉት ሥፋቶች ወዲር (ratio) ለሚካለሉበት የጊዜ ወዲር ይቀርባል።

- ከዚረዉ አካል (L) ወደ 'ሚዘረዉ አካል (T) በሚተለም የማዕከል ዳርቻ ርቀት ላይ በእኩል ጊዜ የተለያዩ መጠነ ሥፋቶችን ቢያካልል ፤ ሌላዉ ቁስ አካልም (T) ዕሩፍ ቢሆን ወይም በወጥ ቶሎታ ቢጓዝ ፤ ዚረዉን አካል (L) ወደዚህ ሚዘረዉአካል (T) ማዕከልነት የሚቃጣዉ ስሒበ ማዕከል የለም ወይም ሌላ ጠንካራ ግደቶች ጋር ቀስቶ ድምር (vector sum) ተቀላቅሏል ማለት ነዉ። ግደቶቹ ብዙ ከሆኑ የግደቶቹ ቀስቶ ድምር (ወደ T ሳይሆን) ወደሌላ (ተጓዥ ወይም ዕሩፍ) ማዕከል ነዉ።

አዋጅ ፴ ፤ ጥየቅ ፴

በእኩል ጊዜ እኩል መጠነ-ስፋት[18] በሚተገበሩ የተለያዩ ከብ ምህዋራት [ላይ የሚዞሩ ቁስ አካላት] ፤ በቁስ አካላቱ ላይ የሚኖረዉ ስሒብ-ማዕከል (centripital force) ወደ ከብ ምህዋራቱ ማዕከል ያመራል (ይቃጣል)። [የስሒብ-ማዕከል ግደቶቹ] አንዱ ለአንዱ እንደሚያካልሉት ከፍለ ምህዋር (ከፍለ ዙር) ወዲር (ratio) ካሬ ነዉ።

---

[18] Equable motion

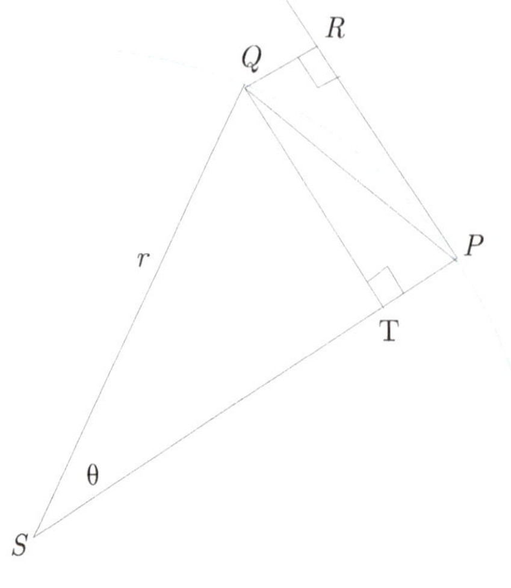

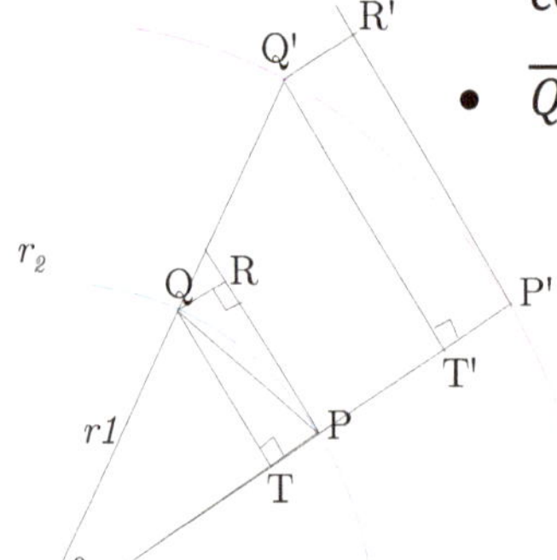

በጥዬቅ አዋጅ $\underline{5}$ ፣ ተከታይ $\underline{6}$ መሰረት ወደ ምህዋራቸው ማዕከል የሚያመሩ ናቸው። አንዱ ለአንዱም በእኩል ጊዜ እንደሚያካልሏቸው ቨርሳይኖች (versed sine) ናቸው (አዋጅ $\underline{5}$ ተከታይ $\underline{0}$) ፣ ያም የነዚሁ በእኩል ጊዜያት የተተገበሩ ክፍለ ምህዋራት ካሬ ነው።

- $F_P \sim \overline{QR}$

- $\measuredangle QPR = \frac{1}{2}\theta$

- $\overline{QR} = \overline{QP}\sin(\theta/2) = r(1 - \cos\theta)$

- $\overline{QT} = r\sin\theta$

- $\overline{QP}^2 = \overline{QR}^2 + \overline{QT}^2 = 2r^2(1 - \cos\theta) = 2r\overline{QR}$

- $\overline{QP} = 2r\sin(\theta/2)$

$\therefore\ F_P \sim \frac{1}{r}\overline{QP}^2$

Q እና P በጣም ሲቀራረቡ ክፍለ ዙር $\overparen{QP}$ እና ክፍለዙር አቋራጭ $\overline{QP}$ እጅግ የተቀራረቡ ይሆናሉ። ስለዚህም ግደቱ እንደ

ክፍለ ምህዋሩ ርዝመት ካሬ (square of the arc length) ነዉ ወደሚለዉ ያደርሰናል[19]::

ተከታዮች

- እነዚህ ክፍለ ዙሮች እንደ ቁስ አካሉ ቶሎታ ስለሆኑ የስሒብ-ማዕከል ግደቶቹ ወዲር እንደ ቶሎታዎች ወዲር ካሬ በቀጥታ እና የማዕከል ዳርቻ ርቀት ግልባጥ ወዲር ብዜት ነዉ::

$$PQ \sim v_{PQ}$$

$$F_P \sim \frac{1}{r_1} v_{PQ}^2 \text{፣ } F_{P\prime} \sim \frac{1}{r_2} v_{P\prime Q\prime}^2$$

$$\frac{F_P}{F_{P\prime}} = \frac{r_2}{r_1} \frac{v_{PQ}^2}{v_{P\prime Q\prime}^2}$$

- የዐወዳዊ ጊዜዎቹ ወዲር እንደ ማዕከል ዳርቻዎቹ ወዲር በቀጥታ እና የቶሎታዎቹ ወዲር ግልባጥ ብዜት በመሆኑ ፣ የስሒብ-ማዕከል ግደቶቹ ወዲር እንደ ማዕከል ዳርቻ ርቀት ወዲር በቀጥታ እና

---

[19]$\cos\theta$ን በታይለር ዝርዝራ (Taylor expansion) ስናስቀምጠዉ እንደሚከተለዉ ይሆናል::

$$\cos\theta = 1 - \frac{\theta^2}{2!} + \frac{\theta^4}{4!} - \frac{\theta^6}{6!} + \ldots = \sum_{n=0}^{\infty} \frac{(-1)^n}{(2n)!} \theta^{2n}$$

θ በጣም ትንሽ ሲሆን (Q እና P በእጅጉ ሲቀራረቡ) ትልልቅ ኃይል ያላቸዉን የዝርዝሩ አባላት ቆርጠን ብንተዋቸዉ ዉጤቱ ላይ እምብዛም ለዉጥ አያመጣም:: ስለዚህ

$$\cos\theta \approx 1 - \frac{\theta^2}{2} \text{፣ } \overline{QP}^2 \approx 2r^2 \left\{ 1 - (1 - \frac{\theta^2}{2}) \right\} = (r\theta)^2$$

ክፍለ-ዙር $\overparen{QP} = r\theta$

የ0ውዳዊ ጊዜዎቹ ካሬ ግልባጥ ወዲር ብዜት ነው::

$$\frac{v_{PQ}}{v_{P\prime Q\prime}} = \frac{r_1}{r_2}\frac{t_2}{t_1} \; ፤ \; \frac{F_P}{F_{P\prime}} = \frac{r_1}{r_2}\frac{t^2_{P\prime Q\prime}}{t^2_{PQ}}$$

- የ0ውዳዊ ጊዜዎች (ከፍለ ጊዜዎች = ሙሉ ዞር ጊዜዎች) እኩል በሆኑበት እና ሲሆኑ ቶሎታዎቹ እንደ ማዕከል ዳርቻ ርቀት ይሆናሉ:: የስሒበ ማዕከል ግደቶቹም እንደ ማዕከል ዳርቻ ርቀት ይሆናሉ::

$$\frac{t_2}{t_1} = 1 : \frac{v_{PQ}}{v_{P\prime Q\prime}} = \frac{r_1}{r_2} ፤ \frac{F_P}{F_{P\prime}} \sim \frac{r_1}{r_2}$$

- የ0ውዳዊ ጊዜዎች እና ቶሎታዎች እንደ ማዕከል ዳርቻ ርቀት ሥርወ ካሬ ከሆኑ ስሒበ-ማዕከል ግደቶቹ እርስ በርሳቸው እኩል ይሆናሉ ፤ አለበለዚያ አይሆኑም::

$$\frac{v_1}{v_2} = \sqrt{\frac{r_1}{r_2}} \; ፤ \; \frac{t_1}{t_2} = \sqrt{\frac{r_1}{r_2}} : \frac{F_1}{F_2}$$

$$= \frac{r_2}{r_1}\frac{v^2_{PQ}}{v^2_{P\prime Q\prime}} = \frac{r_2}{r_1}\frac{r_1}{r_2}$$

$$= 1 ፤ \frac{F_P}{F_{P\prime}}$$

$$= \frac{r_1}{r_2}\frac{t^2_{P\prime Q\prime}}{t^2_{PQ}} = \frac{r_1}{r_2}\frac{r_2}{r_1}$$

$$= 1$$

- በውዳዊ ጊዜዎቹ እንደ ማዕከል ዳርቻ ርቀት ከሆነ ቶሎታዎቹ እኩል ይሆናሉ የስሒብ-ማዕከል ግደቶቹ እንደ ማዕከል ዳርቻ ርቀት ግልባጥ ይሆናሉ። አለበለዚያ አይሆኑም።

$$\frac{t_1}{t_2} = \frac{r_1}{r_2} : \frac{v_1}{v_2} = 1 \vdots \frac{F_1}{F_2} = \frac{r_2}{r_1}$$

- በውዳዊ ጊዜው እንደ ማዕከል ዳርቻ ርቀት ኩብ ሥርው ከሆነ ፣ ቶሎታው እንደ ማዕከል ዳርቻ ርቀት ካሬ ሥርው ግልባጥ ሲሆን ስሒብ-ማዕከል ግደቱ ደግሞ እንደ ማዕከል ዳርቻ ርቀት ካሬ ግልባጥ ይሆናል።

$$\frac{t_1}{t_2} = \left(\frac{r_1}{r_2}\right)^{\frac{3}{2}} : \frac{v_1}{v_2} = \sqrt{\frac{r_1}{r_2}} \vdots \frac{F_1}{F_2}$$

$$= \left(\frac{r_2}{r_1}\right)^2$$

- ባጠቃላይም በውዳዊ ጊዜው እንደ ማዕከል ዳርቻው የትኛውም ሀይል (r^n) ቢሆን ቶሎታው እንደ ግልባጥ- r^{n-1} ይሆናል ፣ ስሒብ-ማዕከሉ ደግሞ እንደ ግልባጥ- r^{2n-1} ይሆናል።

አዋጅ ፰ ፣ መጠይቅ ፭

አንድ አካል ወደ አንድ ማዕከል በሚያመሩ ግደቶች የሚተገብረው ቶሎታ ቢታወቅ ማዕከሉን እንዴት ማወቅ ይቻላል? እንበልና ሦስት ቀጥታ መስመሮች PT ፣ TQV እና VR ምህዋሩን ሳያቋርጡ R ፣ Q እና P ላይ ይንኩትና

T እና V ላይ ይገናኛ:: እንደ አካሉ ቶሎታዎች የሆኑና ለታካኪያቹ ምስቅ የሆነ መስመሮች በ P ፣ Q እና R ላይ ይተለመ::

ያ ማለት $PA : QB = v_P : v_Q$ ፣ እና $QB : RC = v_Q : v_R$ ይሆኑ:: ከምስቆቹ መጨረሻ A ፣ B ፣ እና C በ፫ መዓርጋት እንዲነሱ ይደረግ:: ሄዳውም D እና E ላይ ይገናኛ:: ቀጥታ መስመሮች TD እና VE S ላይ ይገናኛሉ:: ይህ የምንፈልገው ማዕከል ነው:: በጥዩቅ አዋጅ ፮ ፣ ተከታይ ፮ መሰረት ከማዕከል ተነስተው ከታካኪያች PT ፣ QT ጋር የሚገናኙት ርቀቶች P እና Q ላይ ካሉ ቶሎታዎች ጋር በተገላብጦ የሚዛመዱ በመሆኑ ከምስቆች AP ፣ BQ ጋር በቀጥታ ይዛመዳሉ:: ያ ማለት ልክ ከ D እንደሚነሱት ምስቆች ይሆናል:: S ፣ D እና T በቀጥታ መሥመር እንደሚገናኙ ማረጋገጥ ቀላል ነው:: በተመሳሳይ አመክንዮም S ፣ E እና V በቀጥታ መሥመር ላይ ይውላሉ:: ስለዚህም TD እና VE የሚገናኙበት ቦታ S ማዕከሉ ነው::

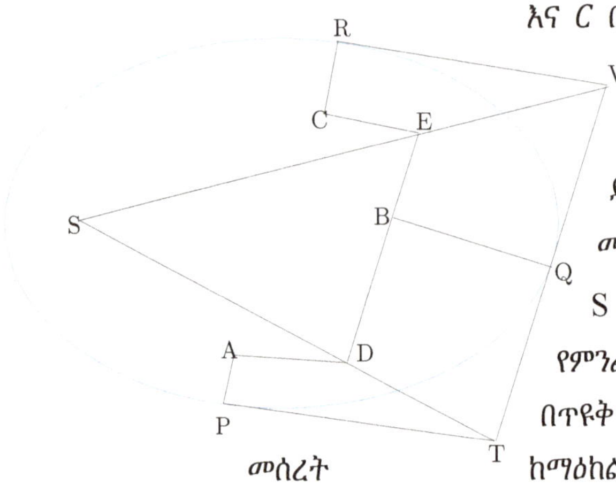

$$(\ldots\textit{ይመርመር}\ldots)$$

አዋጅ፯ ፣ ጥየቅ ፮

ገች በሌለበት ህዋ (in space void of resistance) አንድ አካል በዕሩፍ ማዕከሉ ዙሪያ ቢዞር በጥቁት ጊዜም የሆነ ክፍለ ዞር (arc) ቢተገብር ፣ የዚህ ክፍለ ዞር ቨርሳን-ዘዌ (versed sine) የክፍለዞር ቆራጩን (chord) እኩል ክፍሎ በግደቱ ማዕከል ቢያልፍ ፣ ክፍለ ዞሩ አጋማሽ ላይ የሚኖረው ስሒብ-ማዕከል ግደት በቀጥታ እንደ ቨርሳይኑ (versed sine) እና እንደ ጊዜው ግልባጥ ካሬ ይሆናል::

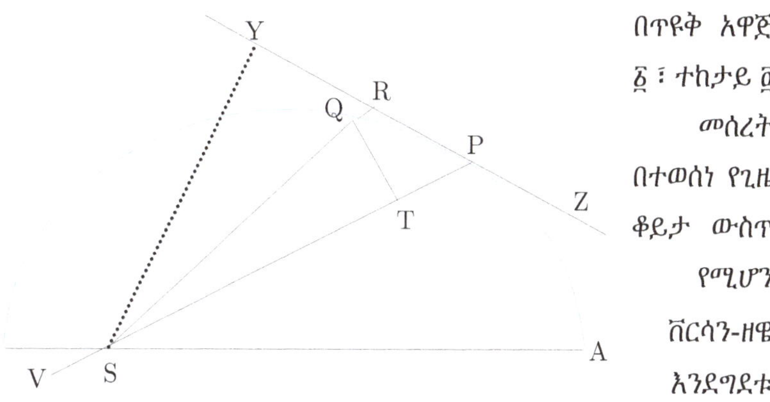

በጥየቅ አዋጅ ፮ ፣ ተከታይ ፬ መሰረት በተወሰነ የጊዜ ቆይታ ውስጥ የሚሆን ቨርሳን-ዘዌ እንደግደቱ እንደሆን ዐይተናል:: ዐውደ ጊዜውን በፈቀድነው ወዳር ብንከፋፍለው ፣ ክፍለ ዞሩም በተመሳሳይ ወዳር ስለሚከፋፈል ፣ ቨርሳይኑ እንደ ወዲሩ ካሬ ይከፋፈላል:: ስለዚህም ቨርሳይኑ እንደ ግደቱ እና እንደ ጊዜው ካሬ ይሆናል:: ከሁለቱም በኩል በጊዜው ካሬ ብናካፍል ግደቱ እንደ ቨርሳይኑ በቀጥታ እና እንደ ጊዜው ካሬ ግልባጥ ይሆናል::

በ Q እና በ P መካከል ያለው ርቀት ኢምንት ሲሆን $PT \rightarrow QR$

$$QR = \frac{1}{r}QP^2$$

$$QP \sim t : QR \sim t^2 \text{ እና } QR \sim F$$

ስለዚህ

$$QR \sim Ft^2 \text{ ተከትሎም } F \sim \frac{QR}{t^2}$$

[የጋሊሊዮን አዋጅ በመጠቀም እንደሚከተለው ማግኘት
እንችላለን። S ፍልሰት ፤ t ጊዜ ቢሆን

$$F \sim \frac{S}{t^2} \text{ ፤} S = QR።]$$

ተከታዮች

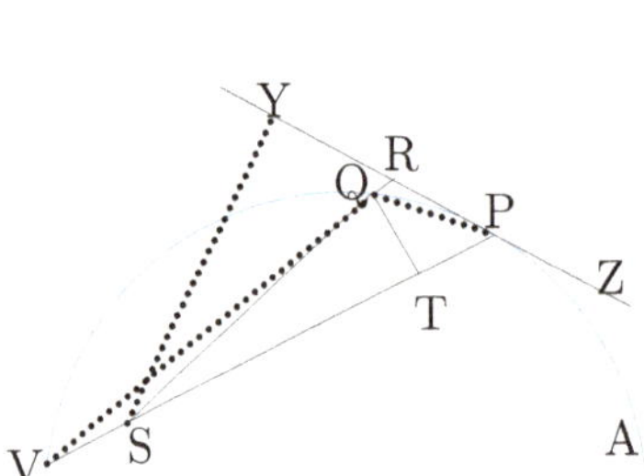

• ፩) በ S ዙሪያ የሚዞር አንድ አካል ከፍለ ዙር APQ ን ይተግብር። ቀጥታ መሥመር ZPR ምህዋሩን አንድ ነጥብ ላይ እንበልና P ላይ ይንካው። በምህዋሩ ላይ ከሌላ ነጥብ በመነሳት ለSP ትይዩ ሆኖ ይተለም ፤ ታካኪውንም $(ZPR$ ን$)$ R ላይ ያግኘው። QT ለSP ምስቅ (perpendicular) ሆኖ ይተለም። የኬፕለር ዕይታ እንደሚነግረን ወይም በኒውተን ሒሳባዊ ማረጋገጫ መሰረት አንድን ከፍለ ዙር ለማጠናቀቅ የሚወስደው ጊዜ በከፍለ ዙሩ ከተካለለው ስፋት (በከፍለ ዙሩ እና

ከግደት ማዕከሉ እስከ ክፍለ ዙሩ መነሻ እና መድረሻ ባሉ ትልሞች የተካለለ ስፋት) ወደረኛ (∼) ናቸው። ስለዚህ

$$t \sim SP \cdot QT፡፡$$

በመሆኑም ስሒብ-ማዕከሉ እንደ $\frac{SP^2 QT^2}{QR}$ ግልባጥ ነው ፤ ማለትም

$$F \sim \frac{QR}{SP^2 QT^2}$$

ነው።

- SY ከማዕከሉ ተነስቶ ለታካኪው (ZPR) Y ላይ ምስቅ የሆነ መሥመር ይሁን። Q እና P ኢምንት ርቀት ሲኖራቸው

$$\frac{QT}{QP} = \frac{SY}{SP}$$

ወይም

$$QT \cdot SP = SY \cdot QP$$

ስለዚህ

$$F \sim \frac{QR}{QP^2 SY^2}$$

- ምህዋሩ ከብ ቢሆን ወይም P ላይ ከብን በአንድ ዐይነት ማዕከል ቢያቋርጥ ወይም ቢነካ ማለትም ከከብ ጋር ትንሽ የመገናኛ ዙረት ኖሮት ከዚሁ ከብ ጋር አንድ ዐይነት ጉብጠት (curvature) እና የማዕከል ዳርቻ ርቀት (radius) ቢኖረው እናም PV ከአካሉ ተነስቶ ግደቱ ወደሚቃጣበት

ማዕከል የሚያልፍ የዚሁ ክብ ዙር ቆራጭ
(chord) ቢሆን ስሒብ-ማዕከል ግደቱ እንደ

$$SY^2 \cdot PV$$

ግልባጥ ይሆናል።

$$\sphericalangle PVQ = \sphericalangle QPR \quad \text{እኩል ክፍለ ዙር}$$

ስለሚከድናቸው።

$$\sphericalangle QPV = \sphericalangle RQP (QR//SP)$$

ስለዚህ በዘዌ-ዘዌ $(\sphericalangle - \sphericalangle)$ ጥዮቅ አዋጅ ፣

$$\Delta QPV \sim \Delta RQP$$

$$\frac{QP}{RQ} = \frac{PV}{QP} \Rightarrow \frac{QP^2}{RQ} = PV$$

ስለዚህ እንደተባለው

$$F \sim \frac{1}{PV \cdot SY^2}$$

- ይሁኑ ያልናቸውን ይዘን ፣ በአዋጅ ፪ ተከታይ ፪ መሰረት ቆሎታው እንደ ምስቅ SY በመሆኑ፣ ስሒብ-ማዕከል ግደቱ እንደ የቆሎታው ካሬ እና የዙር ቆራጭ PV ብዜት ግልባጥ ይሆናል።

$$v \sim \frac{1}{SY} \; ፣ \; F \sim \frac{1}{PV \cdot v^2}$$

- ስለዚህ የትኛውም ዚሪ ምህዋር ቢሰጥ በተጨማሪም ስሒብ-ማዕከል ግደቱ አቅጣጫ የሚያልፍበት ነጥብ አብሮ ቢሰጥ ፣ አካሉን ከቀጥታ መሥመሩ ያለማቋረጥ የሚያዘረውና በምህዋሩ ላይ እንዲውል የሚያደርገው የስሒብ-ማዕከል ሕግ ይገኛል። በስሌትም ይህ ግደት እንደ

$$\frac{QR}{SP^2 \cdot QT^2}$$

ወይም እንደ

$$\frac{1}{PV \cdot SY^2}$$

ሆኖ እናገኘዋለን።

አዋጅ ፯ ፤ መጠይቅ ፪

አካሉ በከብ ምህዋር የሚጓዝ ቢሆን በፈለግነው (የምህዋሩ) ነጥብ ላይ ያለው ስሒበ-ማዕከሉ እንዴት ይሆናል?

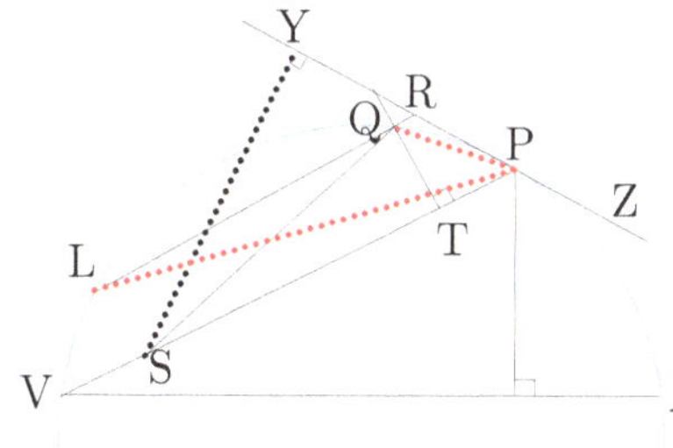

$VQPA$ የከቡ ዙሪያ ይሁን። S የስሒበ-ማዕከሉ ግደት ማዕከል ይሁን። Q በቀጣይ ጊዜ የሚሆንበት ነጥብ ይሁን። PRZ ከቡን P ላይ የሚነካ ታካኪ መሥመር ይሁን። ከ S በመነሳት ከፍለ ዙር ቆራጭ PV ይተለም ፤ እንደዚሁም ከ V በመነሳት የከብ ንፍቅ VA ይተለም። A እና P በቀጥታ መሥመር ይገናኙ። QT ለ SP ምስቅ ይሁን ፤ ይኸው መሥመር ሲቀጥል ታካኪ ZPRን Z ላይ ያግኘው። በመጨረሻም LR በ Q አልፎ ለ SP ትይዩ ሆኖ ይተለም። ከቡንም L ላይ ያግኘው። ታካኪ መሥመር ZPR ንም R ላይ ያግኘው። በተጨማሪ ሥራውን ግልጽ ለማድረግ LP እና PQ ይተለሙ (እነዚህ መስመሮች በኒውተን ትልሞች ላይ በጸሐፊው የተጨመሩ ናቸው)

$$\sphericalangle QPR = \sphericalangle PLR$$

ሁለቱንም እኩል ከፍለ ዙር ይከድናቸዋል።

$$∡LRP = ∡PRQ \, (የጋራ \; ዘዌ)$$

ስለዚህ

$$ΔPLR \sim ΔQPR$$

በዚህም መሰረት

$$\frac{PR}{QR} = \frac{LR}{PR} \Rightarrow PR^2 = LR.QR$$

$$ΔZQR \sim ΔZTP : \frac{ZQ}{QT} = \frac{ZR}{RP} \; ፤ \; \frac{ZQ}{QT} = \frac{ZR}{RP}$$

$$PR = \frac{ZR}{QT}ZQ$$

$$PR^2 = \frac{ZR^2}{QT^2}ZQ^2 = LR \cdot QR \Rightarrow QT^2$$

$$= \frac{QZ^2}{ZR^2}LR \cdot QR$$

በመጨረሻም

$$ΔZQR = ΔVPA : \frac{QZ}{ZR} = \frac{VP}{VA}$$

$$QT^2 = \frac{VP^2}{VA^2}LR \cdot QR \Rightarrow \frac{QT^2}{QR} = \frac{VP^2}{VA^2}LR$$

Q እና P በጣም ተቀራራቢ ሲሆኑ ብሎም ልዩነታቸው ኢምንት ሲሆን

$$LR = VP$$

$$\frac{QT^2}{QR} = \frac{VP^3}{VA^2}$$

በጥዩቅ አዋጅ $\bar{5}$ ተከታይ $\bar{5}$ ከተገኘው ውጤት ጋር በመጠቀም

$$F \sim \frac{VA^2}{SP^2VP^3}$$

ተከታዮች

- ስሒ.በ-ማዕከሉ ሁሌም የሚያልፍበት ነጥብ በከቡ ዙሪያ ላይ ቢሆን ፣ ስሒ.በ-ማዕከል ግደቱ እንደ SP^5 ግልባጥ ይሆናል። ማለትም

$$F \sim \frac{VA^2}{SP^5}$$

VA አይለወጤ ነው (የከቡ ንፍቅ ነው)።

- ቁስ አካል P በከብ በማዕከል S ዙሪያ እንዲዞር የሚያደርገው ግደት ይኸው አካል በሌላ ማዕከል ላይ እንበልና R በተመሳሳይ ዐውደ ጊዜ (የሙሉ ዞር ጊዜ) በዚሁ ከብ ዙሪያ እንዲዞር ከሚያደርገው ግደት ጋር [ያለው ወዲC] ፣ SG ከማዕከሉ ተነስቶ ለ PR ትይዩ ሆኖ PGን G ላይ የሚያገኘው ቢሆን ፣

$$\frac{F_S}{F_R} = \frac{RP^2SP}{SG^3}$$

ነው፡፡

ቀድመን ባገኘነው ውጤት መሰረት

$$\frac{F_S}{F_R} = \frac{RP^2 PT^3}{SP^2 PT^3}$$

በመቀጠል

$$\sphericalangle GSP = \sphericalangle VPT$$

$$\sphericalangle VTP = \sphericalangle GPS$$

በዘዌ-ዘዌ ጥዮቅ አዋጅ መሰረት

$$\Delta PSG \sim \Delta TPV$$

ተከትሎም

$$\frac{SG}{SP} = \frac{PV}{PT} \Rightarrow \frac{PT^2}{PV^3} = \frac{SP^3}{SG^3}$$

ስለዚህ

$$\frac{F_S}{F_R} = \frac{RP^2 SP}{SG^3}$$

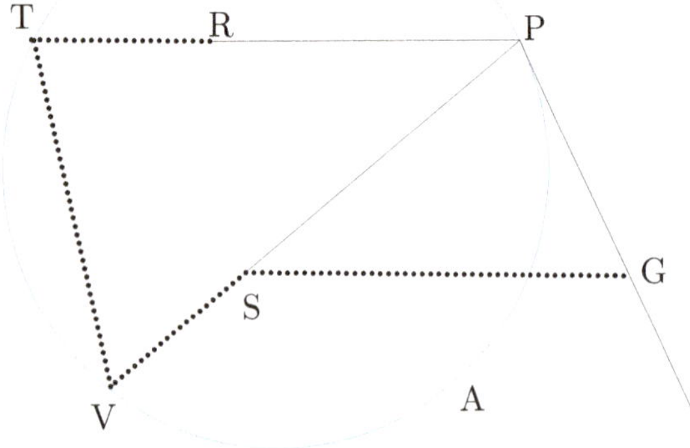

ተዘዲል ...

አዋጅ ፰ ፣ መጠይቅ ፫

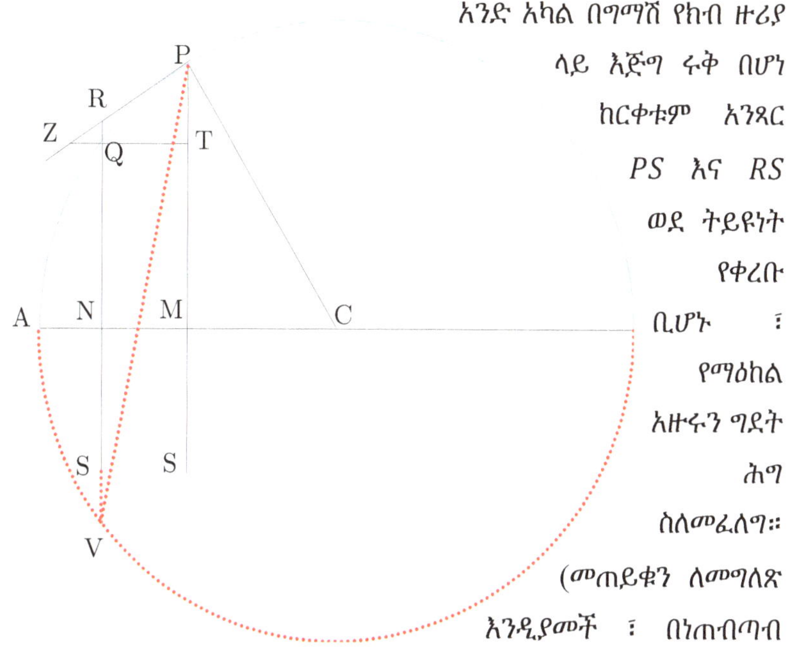

አንድ አካል በግማሽ የክብ ዙሪያ ላይ እጅግ ሩቅ በሆነ ከርቀቱም አንጻር PS እና RS ወደ ትይዩነት የቀረቡ ቢሆኑ ፣ የማዕከል አዙሩን ግደት ሕግ ስለመፈለግ። (መጠይቁን ለመግለጽ እንዲያመች ፣ በነጠብጣብ የሚታዩት ትልሞች በጸሐፊው ተጨምረዋል።)

$$\sphericalangle QTZ = \sphericalangle TZP$$

$$\sphericalangle ZQR = \sphericalangle ZTP$$

$$\therefore \Delta ZQR \sim \Delta ZTP$$

በመቀጠል

$$\sphericalangle PCM + \sphericalangle MPC = 90^0$$

$$\sphericalangle ZPC = 90^0$$

$$ZT // AC : \sphericalangle PZT = \sphericalangle CPM$$

$$\Delta PZT \sim \Delta CPM$$

$$\frac{ZP}{ZT} = \frac{PR}{QT} = \frac{CP}{PM}$$

$$\sphericalangle VRP = \sphericalangle VPR$$

$$\sphericalangle RVP = \sphericalangle RPQ$$

$$\therefore \Delta VRP \sim \Delta PRQ$$

$$\frac{PR}{QR} = \frac{VR}{PR} \text{ ፣ } VR = NR + NQ$$

$$\frac{PR}{QR} = \frac{WR}{PR} + \frac{NQ}{RP} \Rightarrow PR^2$$

$$= RQ(NR + NQ)$$

Q እና P በጣም ሲቀራረቡ ብሎም ርቀታቸው ኢምንት ሲሆን

$$NR = NQ = PM$$

$$PR^2 = 2RQ \cdot PM$$

ቀድመን ያገኘነውን ዝምድና በመጠቀም

$$PR^2 = \frac{CP^2}{PM^2} QT^2 = 2RQ.PM$$

$$\frac{QT^2}{QR} = \frac{2PM^2}{CP^2}$$

$$\frac{QT^2}{QR} = \frac{2PM^2}{CP^2}$$

∴ በጥዩቅ አዋጅ ፮ ተከታይ ፭ መሰረት

$$F \sim \frac{CP^2}{2SP^2PM^2}$$

አዋጅ ፱ ፥ መጠይቅ ፪

አንድ አካል በጥምዝ ፍኖት (spiral) ላይ የማዕከል ዳርቻ
ርቀቶች SP ን ፥ SQ ን ወዘተ በታወቀ ዘዌ (given angle)
እየቆረጠ ቢዞር ወደ ጥምዙ ማዕከል የሚስበውን የስሐቢ-
ማዕከል ግደትን ሕግ ስለመፈለግ።

እንበልና PSQ ኢምንት መጠነ ዘዌ ይሁን። ይህ ሲሆን ፥
ሁሉም በ$SPRQT$ ውስጥ ያሉት ዙረቶች በዚሁ ዐይነት
ይታወቃሉ። ስለዚህም ወዲር $\frac{QT}{QR}$ ስጡ (given) ይሆናል
$\frac{QT^2}{QR}$ እንደ QT ነው (ምስሉ በዐይነት ስለሚታወቅ) እንደ
SP ይሆናል። ነገር ግን ዘዌ PSQ በሆነ ምንገድ ቢለወጥ
የመገናኛ ዘዌ QPRን የሚከድነው ቀጥታ መሥመር QR

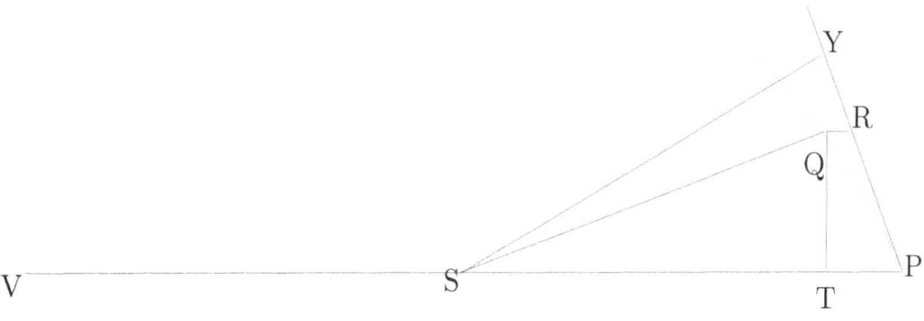

እንደ PR ወይም QT^2 ይለወጣል። ስለዚህም $\dfrac{QT^2}{QR}$ እንደ

SP ይሆናል። $\dfrac{QT^2 SP^2}{QR}$ እንደ SP^3 ይሆናል።

ስለዚህ (በአዋጅ $\underline{5}$ ፣ ተከታይ $\underline{2}$ መሰረት) ስሒብ-ማዕከል ግደቱ እንደ SP^3 ግልባጥ ይሆናል።

SY ከግደት ማዕከሉ S በመነሳት ለታከኪ PR ላይ ምስቅ ይሁን። P ላይ ከዋጊቹ ጋር የሚገናኝ ማዕከሉ S የሆነ ክፍለ ዙር PQ የሚይዝ ከብ እናስብ። PS በመቀጠል ይህንኑ ከብ V ላይ ይንካው። PV የከቡ ዙር ቆራጭ ይሁን። በአዋጅ $\underline{3}$ ተከታይ $\underline{7}$ መሰረት SP^3 እንደ $SY^2 \cdot PV$ ይሆናል። ስለዚህ ስሒብ-ማዕከል ግደቱ እንደ SP^3 ግልባጥ ይሆናል።

አዋጅ $\underline{7}$ ፣ መጠይቅ $\underline{2}$

አንድ አካል በከበብ ምህዋር ቢዞር ፣ ወደ ከበቡ ማዕከል የሚያመራውን የስሒብ-ማዕከል ግደት ስለመፈለግ።

- AC እና BC የከበቡ ዐብይ እና ንዑስ ግማሽ ንፍቅ አውታሮች ይሁኑ። PG እና DK የAC እና የBC ተጣማጅ ንፍቆች ይሁኑ።

- QT እና PF ለተጣጣጅ ንፍቆቹ ምስቅ ($\perp$) ይሁኑ::

በክበብ ባሕርይ

$$\frac{Pv \cdot vG}{Qv^2} = \frac{PC^2}{CD^2}$$

- $\Delta QvT \sim \Delta PSF \left(QT^2 = \frac{PF^2}{PC^2} Qv^2\right)$

በማጠናቀርም

$$\frac{QT^2}{Pv} = \frac{CD^2 \cdot PF^2}{PC^4} vG$$

(ነግር ግን ለአንድ ክበብ በየትኞቹም ተጣጣጅ የክበቡ ንፍቆች ጫፍ ላይ የሚተለmeasው **ትይዩ ጎነ-ᎴᎴ** መጠነ-ስፋት እኩል ነው:: ስለዚህ

$$PF = \frac{AC \cdot BC}{CD}$$

በተጨማሪም $QRvP$ **ትይዩ ጎነ-ᎴᎴ** በመሆኑ

$$Pv = QR$$

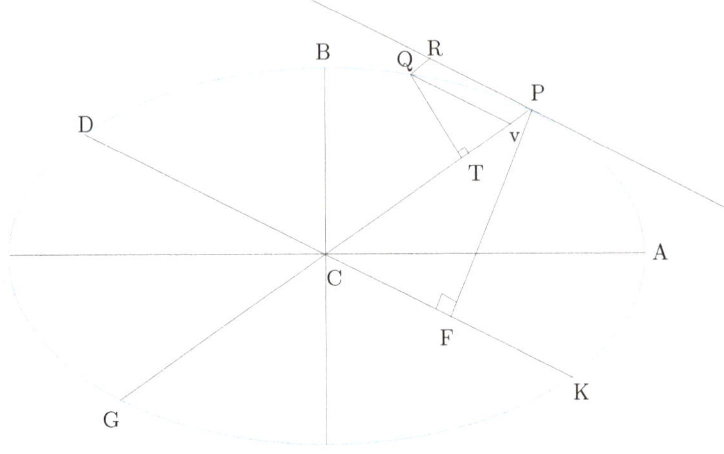

ሥዕል 6

በመተካት

$$\frac{QT^2}{QR} = \frac{AC^2 BC^2}{PC^4} \, vG$$

የQ እና የP ርቀት ኢምንት ሲሆን $vG = 2PC$

$$\frac{QT^2}{QR} = 2\frac{AC^2 BC^2}{PC^3}$$

AC እና BC የከበቡ አይለዋጤዎች በመሆናቸው

$$\frac{QT^2}{QR} \sim \frac{1}{PC^3}$$

ስለዚህ (በአዋጅ ፪ ፤ ተከታይ ፪ መሰረት)

$$F \sim \frac{1}{PC}$$

ተከታዮች

- ስለዚህ ስሒበ-ማዕከሉ አካሉ ከክበቡ ማዕከል እንዳለው ርቀት ነው። ግደቱ እንደ ማዕከል ዳርቻ ርቀቱ ግልባጥ ከሆነ ፤ አካሉ በክበብ ላይ ይንቀሳቀሳል ፤ የክበቡ ማዕከልም ከግደቱ ማዕከል ጋር አንድ ይሆናል። (ክበቡ ምናልባትም ከብ ሊሆን ይችላል።)

- በአንድ ማዕከል ዙሪያ በሆኑ የትኞቹም [ሚል[20]] ክበብ ምህዋራት የሚተገበሩ ዐውዳዊ ጊዜያት (period) እኩል ናቸው። በጥዮቅ አዋጅ ፳ ተከታይ ፪ መሰረት

$$\frac{F_A}{F_B} \sim \frac{BC}{AC} = \frac{AC}{BC}\frac{t_B^2}{t_A^2}$$

$$\frac{t_B}{t_A} = \frac{BC}{AC} = \frac{NC}{MC} = \frac{t_N}{t_M}$$

ትልቁ ንፍቅ አውታር የጋራቸው የሆነ ክበባት ዐውዳዊ ጊዜያቸው አንዱ ለአንዱ እንደ ክበቦቹ መጠነ-ስፋት ነው።

$$\frac{\frac{t_B}{t_A}}{\frac{t_U}{t_A}} = \frac{\frac{BC}{AC}}{\frac{UC}{AC}} = \frac{\pi BC \cdot AC}{\pi UC \cdot AC} = \frac{BC}{UC}$$

---

[20] ሁለት ክበባት ሚል የሚባሉት የዐቢይ ንፍቅ ለንዑስ ንፍቅ ወዲራቸው እኩል ሲሆን ነው።

ማብራሪያ

የክበቡ ማዕከል የትየለሌ በመራቁ ምክንያት ክበቡ ወደ ፓራቦላነት ቢቀየር ቁስ አካሉ በዚሁ ፓራቦላ (ደጋኖ) ላይ ይንዛል ፤ ወደዚህ እጅግ ሩቅ ማዕከል የሚስበው ግደት በእኩል ጊዜ እኩል ስፋት ያካልላል። ይህም የኬፕለር አዋጅ ነው። ክፍለ ፓራቦላው [የቅምብቡን የመቁረጫ ጠለል ተዳፋት በመቀየር] ወደ ሃይፐርቦላ (ሞፀፍ) ቢቀየር ፤ የስሒብ-ማዕከሉ ግደት (centripetal force) ወደ ማዕከል አሸሽ ግደት (centrifugal force) ተቀይሮ በሃይፐርቦላዊው ፍኖት ላይ ይንዛል። በዚሁ ዐይነት በክብ ወይም በክበብ ምህዋራት ፤ ግደቶቹ ማገ-ክበቡ (the abscissa) ላይ በሆነ የምህዋሩ ማዕከል አቅጣጫ ቢያመሩ ፤ ድረ-ክበቦቹን (the ordinates) በመጨመር ወይም በመቀነስ ወይም መጠነ ተዳፋታቸውን ቢቀየር ፤ የግደቶቹ መቀነስ ወይም መጨመር ሁልጊዜም ከማዕከሉ እንዳላቸው ርቀት ነው፤ ዐውዳዊ ጊዜያቸው እኩል ከሆነ ፤ በማናቸውም ዐይነት ምህዋራት ድረ-ክበቦቹ በሆነ ወዲር ቢከፋፈሉ ወይም ተዳፋታቸው እንዴትም ቢቀየር ፤ በማገ-ክበቡ ላይ በሆነ የትኛውም ማዕከል የግደቶቹ መጨመር ወይም መቀነስ ከማዕከሉ እንዳላቸው ርቀት ወዲር ነው።

አዋጅ ፲፮ ፤ መጠይቅ ፯

አንድ አካል በክበባዊ ምህዋር ቢዞር ፤ ወደ ክበቡ የትኩረት ነጥብ የሚያመራውን ስሒብ-ማዕከል ከትኩረት ነጥቡ እስከ ዚሪ አካሉ ያለው ርቀት ጋር ያለውን ዝምድና መፈለግ [2]።

ሥነሥፍራዊ ማረጋገጫ ትንተና

በሥዕል 7 ላይ የተመለከተዉን የክበብ ትልም እና በላዩ ላይ የተተለሙ ትልሞችን ተመልከት፡፡ S የክበቡ የትኩረት ነጥብይሁን፡፡ የክበቡን መንፈቅ DKን E ላይ የሚያቋርጥ እና Qv ን የሚያቋርጥ

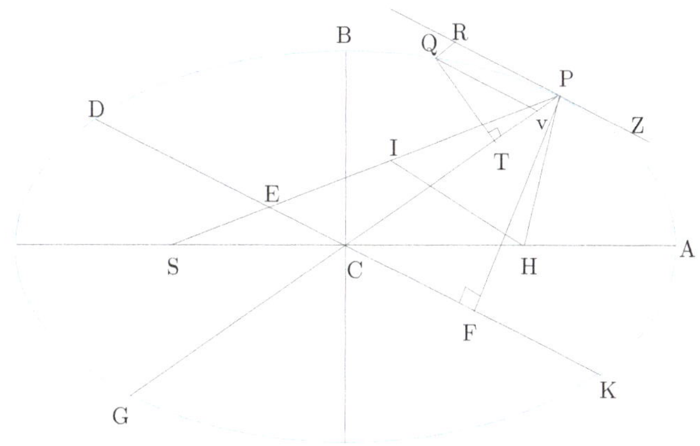

ሥዕል 7 ከበባዊ ምህዋር ፣ ነጥቦች እና መሥመራዊ ትልሞች (ነዉተን ኒዮዋ'ን)

ከS ተነስቶ ወደ P የሚሄድ ቀጤ መሥመር SP ይተለም፡፡ በዚሁም **ትይዩ ጎነ-፬** $QxPR$ ይሟላ፡፡

EP ከወቢይ ንፍቅ AC ጋር እኩል መሆኑ ርግጥ ነዉ፡፡ (የክበብን ሥነሥፍራዊ ሥያሜዎች አባሪ 1 ላይ ተመልከት/ች፡፡)

ማረጋገጫ

ተለማ: H ሁለተኛዉ የክበቡ የትኩረት ነጥብ ይሁን ፤ ከP ወደ H ቀጤ መሥመር PH ይተለም ፤ ለንፍቅ DK ትይዩ በሆነ አቅጣጫ ከትኩረት H ተነስቶ SPን I ላይ የሚነካ ቀጤ መሥመር ይተለም።

$$\Delta SEC \sim \Delta SIH \ (\text{በዘዊ} - \text{ዘዊ ጥዩቅ አዋጅ}) \ ;$$

$$SC = HC \ ; \ \text{ስለዚህ} \ SE = EI።$$

$$\sphericalangle IPR = \sphericalangle HPZ \ (\text{አባሪ } 2 \text{ን ተመልከት})$$

$$\sphericalangle HIP$$
$$= \sphericalangle IPR \ (\sphericalangle IH \ \text{እና} \sphericalangle RP \ \text{ትይዩ በመሆናቸዉ})$$

$$\sphericalangle HPZ$$
$$= \sphericalangle IHP \ (\sphericalangle IH \ \text{እና} \sphericalangle PZ \ \text{ትይዩ በመሆናቸዉ})$$

በሕግ ተማዘኛ (transitivity) $\sphericalangle HIP = \sphericalangle IHP$

በመሆኑም ΔHIP ሁለት ዘዊዎቹ እኩል የሆኑ ጎን-ቢ ነዉ።
) ስለዚህ

$$PI = PH$$

$$SP + PH = 2AC \ (\text{የክበብ ጸባይ})$$

$$\Rightarrow SP + PI = 2AC \ (PI = PH)$$
$$\Rightarrow SE + EI + PI + PI = 2AC \ \ (SP =$$
$$SE + EI + PI) \ \Rightarrow 2EI + 2PI = 2AC$$
$$(SE = EI)$$

$$\Rightarrow EI + PI = AC$$

$\sphericalangle xTP = \sphericalangle EFP$ (ሁለቱም $\bar{2}$ መዓርጋት ዘዌ አላቸው)

$\sphericalangle TxQ = \sphericalangle FEP$ (SP ትይዩ መስመሮች EF እና Qxን ያቋርጣል-ስለዚህም ተፈራራቂ የውስጥ ዘዌዎች[21] ናቸው)

ስለዚህ $\Delta TQx = \Delta FPE \quad \dfrac{QT}{Qx} = \dfrac{FP}{EP}$ ነገር ግን $EP = AC$)

$$\frac{QT}{Qx} = \frac{FP}{AC}$$

(በከበብ ባሕርይ ሁለት ተጣማጅ ንፍቆችን የሚከብ ትይዩ ጎነ-$\underline{\bar{0}}$ እኩል መጠነ-ስፋት አለው (ለክብ ይኸንን በቀላሉ ማረጋገጥ ይቻላል። አንድን ከብ ወደ በማሙለል ወደ ከበብ መቀየር ይቻላል፤ ከከብ ወደ ከበብ የሚደረገው ሥፍራዊ ሽግግር የስፋት ውድሮችን ይጠብቃል። ነገር ግን ይኸ አጥጋቢ ማረጋገጫ አይመስልም። የክፍለ ቅንበባት ሥነሥፍራ አበልጻጊ ከሆኑት ቀደምት የሥነሥፍራ ሊቆች አንዱ አፖሎኒዎስ በቀጥተኛ ሥነሥፍራዊ ትንተና አረጋግጦታል (ሄዝ, 1896)።) ስለዚህ

$$FP = \frac{AC.BC}{DC} \Rightarrow \frac{QT}{Qx} = \frac{BC}{DC}$$

$Qx = Qv$ (QእናP ኢ ምንት ርቀት ሲኖራቸው)

---

[21] Alternate interior angles

$$Qx^2 = Qv^2 = \frac{DC^2}{PC^2} Pv.vG \text{ (የከበብ ባሕርይ)}$$

$$QT^2 = \frac{BC^2}{DC^2}\frac{DC^2}{PC^2} Pv.vG = \frac{BC^2}{PC^2} Pv.vG$$

$\Delta Pxv \sim \Delta PEC$ $(EC//xv: ⊀PEC = Pxv$ የጋራ ዘዌ:: ስለዚህ በዘዌ ዘዌ ጥዩቅ አዋጅ ሁለቱ ፫ ጎኖች እኩል ናቸው::)

$$\frac{Pv}{Px} = \frac{PC}{PE} ፣ (Px = QR ፣ PE = AC)$$

$$\frac{Pv}{QR} = \frac{PC}{AC}$$

በመሆኑም

$$QT^2 = \frac{BC^2}{PC^2}\frac{PC}{AC} QR.vG$$

$(Q$ እናP ኢ.ምንት ርቀት ሲኖራቸው $vG = 2PC)$

$$\frac{QT^2}{QR} = 2\frac{BC^2}{AC} = L$$

L የከበቡ ቀ-ጎን (ላቲስ ሬክተም) ርዝመት ነው::

በመቀጠል ይህን ውጤት ተጠቅመን በዚሪው አካል ላይ የሚያርፈውን ግደስበት እንደሚከተለው ወደረኛ ሆኖ እናገኘዋለን

$$F \sim \frac{QR}{QT^2 SP^2} = \frac{1}{L.SP^2}$$

ነገር ግን L የከበቡ አይለወጤ (ያዊት) በመሆኑ

$$F \sim \frac{1}{SP^2} ::$$

ወደሚለው ቀመራዊ ሐረግ ያደርሰናል። ይኸ ማለት በአዋጁ በተገለጠው አኳኋን በርስበርስ የስበታቸው ተጽዕኖ የተጣመሩ ሁለት አካላት መካከል ያለው የግደስበት መጠን እንደ ርቀታቸው ካሬ ግልባጥ ነው። ይኸ የነዌተን የስበት ሕግ በመባል የሚታወቀው ነው።

ምዕራፍ ፬: የኒውተን ቀመረ ስበት ዘመናዊ አቀራረቦች

በዚህ ምዕራፍ የኒውተንን የስበት ንድፈ ሐሳብ ሒሳባዊ ሐረግ በምቹ ሁኔታ የሚገለጥባቸውን መንገዶች ባጭሩ ይቀርባሉ። ሒሳባዊ ትንተናዎቹን ለመረዳት ፤ ጸሐፊው ያሳተመውን የቀምሮች እና የቀስት ሥፍሮች ሥነስሌትን ማንበብ ይጠቅማል (አንተነህ ብሩ, 2024b)።

የኒውተን ቀመረ ስበት በቅርጽ-ቀስቶ

የኒውተን የስበት ንድፈ ሐሳብ ሁለት ቁሶች እንደ ማዕከሎቻቸው ርቀት ካሬ ግልባጥ በሆነ ግደ ስበት ርስበርሳቸው ይሳሳባሉ ይላል። የሚሳሳቡበት የስበት መጠን ርስበርሳቸው ካላቸው ርቀት ካሬ ጋር ወደረኛ ነው። የአካሎቹ መጠነ-ቁስ በጨመረ ቁጥር በመካከላቸው ያለው ግደ-ስበትም ይጨምራል።

- ሁለት ቁሶች መጠነ-ቁስ m_1 እና m_2 ይኑራቸው።

- r ከአንዱ ቁስ ማዕከል አስከ ሌላኛው ቁስ ማዕከል ያለው የርቀት መጠን ይሁን።

- $\hat{r}_{12}$ ከአንዱ ቁስ ወደሌላኛው ቁስ ማዕከል የሚያመለክተው አሃድ ቀስት ይሁን።

- በቁሶቹ መካከል ያለው ርቀት ቀስቶ ሥፍር $r_{12} = r\hat{r}_{12}$ ይሆናል።

በመካከላቸው ያለው ግደ-ስበት $(\vec{F}_g)$ በቅርጸ-ቀስቶ (vector form)

$$F_{g(12)} = -\frac{Gm_1 m_2}{r^2}\hat{r}_{12}$$

ነው። G የስበት ያዊት ይባላል።

የስበት መስክ

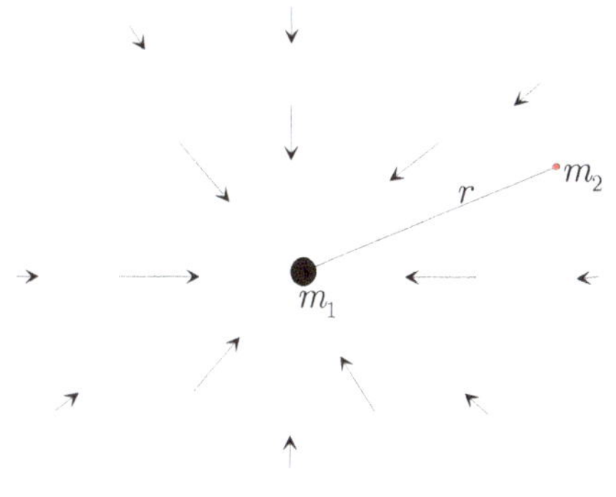

የስበት መስክ አንድ መጠነ-ቁስ ያለው አካል በሌላ በተወሰነ ርቀት ላይ ያለ አካል ላይ የሚያሳርፈውን ግደ ስበት የሚገልጽ ቀስቶ መስክ ነው። መጠኑም ግደ ስበት በመጠነ-ቁስ ነው ፤ በመሆኑም በያንዳንዱ በቁስ አካሉ አካባቢ ባለ ሥፍራ ነጥብ ላይ ካለው ምንጠቃ ጋር እኩል ነው። M መጠነ-ቁስ ያለው ቁስ አካል ፤ ከቁስ አካሉ ዳርቻ ውጭ ያሉ ሥፍራዎች ላይ የሚያሳርፈው የስበት መስክ

$$\mathbf{g}(r) = -\frac{GM}{r^2}\hat{r}$$

ነው። r ከቁስ አካሉ ማዕከል እስከፈቀድነው ነጥብ ድረስ ያለው ርቀት ሲሆን ፤ r ከዚሁ ነጥብ ወደ ቁስ አካሉ ማዕከል የሚያመለክት አሃድ ቀስት ነው። ከቀመሩ እንደምናየው ፤ የአንድ ቁስ አካል የስበት መስክ ፤ ከቁስ አካሉ ማዕከል እየራቅን ስንሄድ እንደ ርቀቱ ካሬ እየቀነሰ ይሄዳል።

የስበቱን መስክ ቅምረ ዕምቀት (potential function) ማግኘት ይቻላል። እንበልና $V(r)$ የቁስ አካሉ የስበት ቅምረ ዕምቀት ይሁን። ስለዚህ

$$\mathbf{g}(\boldsymbol{r}) = -\nabla V(r)$$

የስበት መስኩን ቀመር በመመልከት ቅምረ ዕምቀቱ

$$V(r) = -\frac{GM}{r}$$

መሆኑን በቀላሉ መገንዘብ ይቻላል። ማለትም የአንድ ቁስ አካል የስበት መስክ ቅምረ ዕምቀት ከቁስ አካሉ መጠነ-ቁስ ጋር ቀጥተኛ ተዛምዶ ሲኖረው ፣ ከቁስ አካሉ ማዕከል እየራቅን ስንሄድ እንደ ርቀቱ እየቀነሰ ይሄዳል። በስቶከስን ጥዩቅ አዋጅ መሰረት ከቅምረ ዕምቀት መገኘት የሚችል ዕቅብ መስክ (conservative field) ነው። በመስኩ ውስጥ በዞር ገጠም ፍኖት የሚገኘው ሥራ (የመሥመር አልዶት) አልቦ ነው። ሥራውም ፍኖት ኢጥገኛ ነው።

የጋውስ የስበት ንድፈ ሐሳብ

ρ የመጠነ-ቁሱ እፍግታ ይሁን። g የስበት መስክ ይሁን። በg ላይ በተከታታይ የልውጠት ስሌት ለመተግበር የሚቻል ይሁን። የጋውስ የስበት ሕግ እንደሚከተለው ይጻፋል።

$$\nabla \cdot \boldsymbol{g} = -4\pi G\rho$$

S በውስጡ መጠነ-ቁስ Mን የያዘ ዝግ ገጽ ይሁን። መጠነ-ቁስ እፍግታ ρ ይኑረው። በጋውስ የብትነት አዋጅ መሰረት የሚከተለው እውን ነው።

$$\oiint_S \boldsymbol{g} \cdot dS = \int_V \nabla \cdot \boldsymbol{g}\, dV$$

$$\oiint_S \boldsymbol{g} \cdot dS = -4\pi G \int_V \rho\, dV$$

$$M = \int_V \rho\, dV$$

ስለዚህ

$$\oiint_S \boldsymbol{g} \cdot dS = -4\pi GM.$$

የጋውስ የስበት ሕግ ከኒውተን የስበት ሕግ ጋር አቻ የሆነ ቀመረ ስበት ቢሆንም ቅሉ ባንዳንድ ሁኔታዎች ከኒውተን የስበት ቀመር አንጻር ሒሳባዊ ትንተና ለማድረግ የተሻለ ነው።

የፖይሶን የስበት መስክ ቀመረ ዕምቀት

የስበት መስክ ቅምረ ዕምቀት $V(r)$ ቢሆን ከላይ የስበት መስክ ከቀመረ ዕምቀት $\mathbf{g}(r) = -\nabla V(r)$ መገኘት እንደሚችል ተመልክተናል። የፖይሶን የስበት ቀመረ ዕምቀት የጋውስን የስበት ሕግ በመጠቀም እንደሚከተለው የሚቀመጥ ነው።

$$\nabla^2 V(r) = -4\pi G\rho$$

ምዕራፍ ፭: የስበት ያዊት በካቨንዲሽ ሙከራ

የስበት ያዊት መጠን የተለካው ከነውተን ሞት በኋላ ወደ ሰባት ዐሥርት ዓመታት አካባቢ ቆይቶ ነበር። ለመጀመሪያ ጊዜ የስበትን ያዊት የለካው ሄንሪ ካቨንዲሽ የተባለ እንግሊዛዊ የተፈጥሮ ተመራማሪና ፈላስፋ ነበር። የካቨንዲሽ ሐሳብ የምድርን እፍግታ ለመለካት ነበር (ካቨንዲሽ, 1798)።

ለዚሁ እንዲውል ያነፀው የቤተ ሙከራ መሣሪያ <u>የጥምዘት ሚዛን</u> (torion balance) ይባላል። የጥምዘት ሚዛኑ በአንድ ለራሱ በተዘጋጀ ትልቅ ሳጥን ውስጥ የሚከናወን ነው። የመሣሪያው አወቃቀር እና የልኬታው ትግበራ እንደሚከተለው ነበር።

- ቀንበር *PQ* ከሳጥኑ ጣሪያ ላይ ይንጠለጠላል። የቀንበሩ መንጠልጠያ በቆሚ አውታር ዙሪያ መሾር እንዲችል ተደርጎ የታነጸ ነው።

- በቀንበሩ ጫፎች ላይ ሁለት እኩል መጠነ-ቁስ ያላቸው የሌድ አሎሎዎች ተንጠልጥለዋል።

- ሌላ ቀላል አግዳሚ ዘንግ *RS* በብር ከተለበጠ የመዳብ ቀጭን የጥምዘት ሽቦ ላይ ተንጠልጥሏል። ይኸንን አግዳሚ ዘንግ የሚሸከም ጥምዘት መሪ (torion head) ልክ ከቀንበር አጋማሽ በታች አለ።

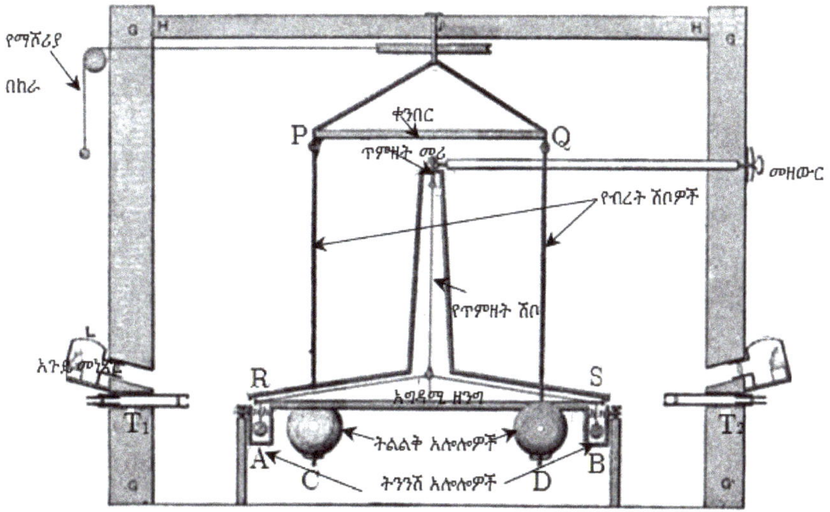

ሥዕል 8 የካሸንዲሽ የስበት ያዊት መሥፈሪያ መሣሪያ። ሥዕል ምንጭ ዊኪፒዲያ

- ከአግዳሚ ዘንጉ በታች ሁለት ትናንንሽ እኩል መጠነ-ቁስ ያላቸው የርሳስ አሎሎዎች ማዕከላቸው ከቀደምቶቹ ትላልቅ አሎሎዎች ማዕከል ጋር ባንድ ጠለል ላይ እንዲያርፉ ሆነው ተንጠልጥለዋል። ሁለት አጉይ መነጽሮች ፣ T_1 እና T_2 ፣ የሙከራውን ውጤት ለመመልከት እንዲያገለግሉ በሳጥኑ ላይ ተገጥመዋል።

- ሳጥኑ ከሁሉም አቅጣጫዎቹ ተዘግቷል።

ሙከራው ሲጀመር

- PQን በማሽር ለAB ምስቅ እንዲሆን ይደረጋል።

- ጥምዘት መሪውን በመዘውሩ በማስተካከል ሽቦው ምንም ዐይነት ጥምዘት እዳይኖረው ይደረጋል::

በመቀጠል

- ቀንበር PQን በማሸር አሎሎዎች C እና D ከአሎሎዎች A እና B በተቃራኒ በኩል እንዲሆኑ ይደረጋል::

- በA እና በC እና በB እና በD መካከል የሚኖረው ግደ-ስበት ጥምዘት ሽቦው ላይ መጠምዘዝን ያስከትላል::

የዘንግ RS ርዝመት $2l$ ቢሆን እና በተጓዳኝ ትንሽ እና ትልቅ አሎሎዎች መካከል ያለው ርቀት r ቢሆን በተጓዳኝ አሎሎዎች መካከል በሚኖረው ግደ-ስበት ምክንያት በጥምዘት ሽቦው (torsion wire) ላይ የሚያርፈው ጠምዛዥ ግደት የኒውተንን የስበት ሕግ በመከተል እንደሚከተለው ይገኛል::

$$T = \frac{GMm}{r^2} 2l$$

የሽቦው ጥምዘትን የመጋተር አቅም ከጥምዘት ዘዌው ጋር የቀጥታ ተዛምዶ አለው የሚለውን ስንቀበል የጥምዘት ተጋትሮው እንደሚከተለው ይገኛል::

$$R = \kappa\theta$$

κ የሽቦው የጥምዘት ያዊት ነው። θ የጥምዘት ዘዊው በማዳር ሥፍር ነው። የጥምዘት ሚዛኑ ሚዛናዊነት (ግእዝ: ድልው ፤ ድልወት መመዘን equlibrium) ላይ ሲደርስ የሚለካ የሽቦው የጥምዘት ዘዊ ነው። በሚዛናዊነት ሁኔታ የጥምዘት ተጋትሮውና ጠምዛዥ ግደቱ እኩል ናቸው። ከዚህም በመነሳት የስበት ያዊቱን እንደሚከተለው እናገኛለን።

$$G = \frac{\kappa r^2}{2Mml} \theta$$

የጥምዘቱን ያዊት κ ለመለካት ፤ ካቨንዲሽ በጥምዘት ሽቦው ላይ የተወሰነ የጥምዘት ዘዊ በመፍጠር የጥምዘቱን የተፈጥሮ የሽዋሽዌ አውደ-ጊዜ T ለኪቷል። ከዚህ በመነሳት የጥምዘት ያዊቱን እንደሚከተለው መወሰን ይቻላል።

$$\kappa = \frac{4\pi^2 I}{T^2}$$

I የጥምዘት ሽቦው ፍዘተ-ጡዘት (moment of inertia) ነው። የአግዳሚ ዘንጉን ፍዘተ-ጡዘት ከቁብ ካልቆጠርነው ፤ የጥምዘት ሥርዓቱን ፍዘተ-ጡዘት እንደሚከተለው ማግኘት ይቻላል።

$$I = 2ml^2$$

በመተካት የሚከተለውን እናገኛለን።

$$G = \frac{4\pi^2 lr^2}{MT^2}\theta$$

ካቨንዲሽ የተጠቀማቸው ግብአቶች የሚከተሉት ነበሩ፨

- $M = 158$ ኪግ ፤ $m = 0.73$ ኪግ ፤

- (በተጓዳን ትንሽ እና ትልቅ አሎሎዎች መካከል ያሌው የመነሻ ርቀት $= 0.225$ ሜ)

- $r = 0.225 - 0.0041 = 0.2209$ ሜትር ፤

- $l = 0.93$ ሜ ፤

- $T = 20$ ደቂቃ

ግብአቶቹን በመጠቀም የሚገኘው የስበት ያዊት ዕሴት $G = 6.74 \times 10^{-11}$ ሜ³ ኪግ⁻¹ ስከ⁻² ነው፨ እንደ ጸሐፊው አረዳድ ይኸ ዕሴት በጣም ትንሽ በመሆኑ ፤ ከያንዳንዱ ልኬት ላይ የሚኖረው ከመጠን መንሸራተት የእሴቱን ተአማኒነት ጥያቄ ውስጥ ያስገባዋል፨

ምዕራፍ ፮: የኒውተን የስበት ንድፈ ሐሳብ ጉድለቶች

- ኒውተን በሁለት ቁሶች መካከል ያለውን የጋራ መሳሳብ ይቀምር እንጅ ለምን እንደሚሳሳቡ ወይም በሁለት ቁስ አካላት መካከል ግደ-ስበት በምን አማካኝነት እንደሚተላለፍ ወይም እንዴት እንደሆነ ግልጽ አልነበረለትም ነበር። በወቅቱም ለዚህ ጥያቄ መልስ አልነበረውም።

- ሪቻርድ ቤንትሊ እንግሊዛዊ ሃያሲ እና የትምህርተ ሃይማኖት ምሁር ነበር። ቤንትሊ በኒውተን ንድፈ ሐሳብ ላይ የሚከተለውን ተግዳሮት አቅርቦ ነበር። እንደ ኒውተን ንድፈ ሐሳብ በሁለንታው (universe) ውስጥ በቢይነ ከዋክብት መካከል መሳሳብ ካለ ከዋክብቱ እንቅስቃሴ አልባ ሊሆኑ አይገባም ፣ ይልቁንም ሁሉም ወደ አንድ ማዕከላዊ ነጥብ መሰብሰብ ይኖርባቸው ነበር። ይኸ የቤንትሊ ተጣርሶ በመባል ይታወቃል። ኒውተን አጥጋቢ የሆነ ሳይንሳዊ ትንታኔ አልነበረውም። በጊዜው የሰጠው መፍትሔ እግዚአብሔር ቋሚ የሆኑ ጥቂት ማስተካከያዎችን በማድረግ ሁለንታውን ከመፍረስ ይታደጋል የሚል ነበር።

- የኒውተን የስበት ንድፈ ሐሳብ እውን ከሆነ ግደ-ስበት በቁሶች መካከል በቅጽበት (አንዳች ጊዜ ሳይዋስድ) መተላለፍ መቻል አለበት።

- በዕለት ከዕለት ኑሯችን የማናያቸው ፣ የፊዚካ ተመራማሪዎች ብዙ ሐተታን ያደረጉባቸው መዓምቅ (ዕሙቃን) (blackholes)[22] እንዳሉ ይታሰባል (በተወሰነ መልኩም መኖራቸው ርግጥ መሆኑ ታውቋል፡፡) እነዚህ አካላት ፣ እጅግ ከፍተኛ መጠነቁስን በውሱን ማዳር ውስጥ አጭቀው የያዙ ፣ የስበት አቅማቸውም እጅግ ከፍተኛ ከመሆኑ የተነሳ ብርሃን እንኳን አልፏቸው መሄድ የማይችል አካላት ናቸው፡፡ በዕሙቃን ዓለማት (blackholes) አካባቢ ያለው የስበት ሁኔቴ በነውተን የስበት ንድፈ ሐሳብ የማይገለጽ ነው፡፡

- መጠነ-ቁሳቸው ግዙፍ በሆነ ቁሶች አጠገብ ሲያልፍ ብርሃን ይጎበጣል (ይሰበራል)። የነውተንን ንድፈ ሐሳብ ተጠቅመን ብርሃን በምን ያህል ዘዌ እንደሚታጠፍ ብናሰላ የሚከተለውን እናገኛለን፡፡

---

[22]ዕሙቅ (ለአንድ) የጠለቀ ፣ ጥልቅ ወደ ታች የራቀ ፣ ሩቅ ፣ ጎቡእ ፣ ረቂቅ የማይታይ ፣ የማይታወቅ ጨለማ ፣ ውድቅት፡፡ ኪ.ኪ. መዓምቅ (ለብዙ) ጥልቆች ፣ ጉድንዶች መዓምቅት ሲያል እንዲል፡፡ ኪ.ክ (ከፍሌ, ጄ ወ ኗ ዓመተ መንግሥቱ ለቀዳማዊ ኃይለ ሥላሴ ንጉሠ ነገሥት ዘኢትዮጵያ) ኪ.ኪ. ጸሊም ጉድንድ hhttps://dictionary.abyssinica.com/black-hole ጸሐፊው በርባሮስ የሚለውን ቃል የተሻለ ገላጭ ሆኖ አግኝቶታል፡፡ በርባሮስ ፣ ቦርቦሮስ ከሚል የጽርእ ቃል ወደ ግእዝ በተውሶ የመጣ ነው፡፡

ብርሃን ከምንጩ ተነስቶ የሚሄድበትን አቅጣጫ
የx- አቅጣጫ ይሁን፡፡ በዚሁ አቅጣጫ ብርሃን
በብርሃን ፍጥነት c ይጓዛል፡፡

$$v_x = c$$

የቁሱን አድማስ ለማቋረጥ የሚፈጅበት ጊዜ
$\Delta t = 2R/c$ ነው፡፡ ወደ ግዙፍ ቁሱ ሲጠጋ ፣
ከቀጥተኛ ቆሎታው በድርብ ወደ ቁሱ ይሳባል ፣
የሚሳብበት ቆሎታ

$$v_y = \frac{GM}{R^2}\Delta t = 2\frac{GM}{Rc}$$

እነዚን ግብአቶች በመጠቀም የምናገኘው ብርሃን
የሚታጠፍበት ዘዌ

$$\theta \approx \tan\theta = \frac{V_y}{V_x} = 2\frac{GM}{Rc^2}$$

ይኸ መጠን በምልከታ ከተገኘው መጠን ግማሽ
ያህል ነው፡፡

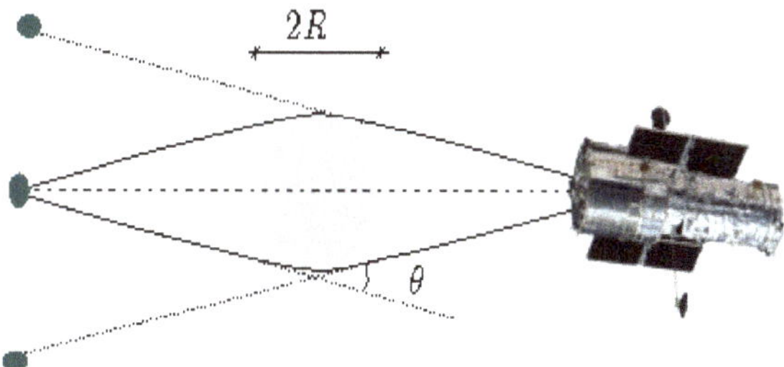

ሥዕል 9 የፍናት ብርሃን በግዙፍ ቁስ መጉበጥ

ዋቢ መጻሕፍት

Mahadavi Y. ʾABŪ SAʿĪD AL-SIĞZĪ AND THE "STRUCTURE OF THE ORBS," THE EARLIEST KNOWN WORK ON HAYʾA [Tidsskrift] // Arabic sciences and philosophy. - 2021. - Vol. 31. - ss. 45-91.

ሐውኪ.ንግ ስቴፌን Standing on the shoulder of giants [Bok]. - ፳፻፮.

ጌዝ ቶማስ ሊ.ትል Apollonius of Perga. Treatise on conicsections edited in modern notation with introduction including an essay on the earlier history of the subject [Bok]. - Cambridge : University press, 1896.

ጌዝ ቶማስ ሊ.ትል Aristarchus of Samos- the ancient Copernicus- a history of Greek astronomy to Aristarchus together with Aristarchus's Treatise on the sizes and distances of the sun and moon : a new Greek text with translation and notes [Bok]. - ፲፱፻፲፫.

ጌዝ ቶማስ ሊ.ትል The works of Archimedes [Bok]. - [s.l.] : Cambridge University Press, ፲፱፻፲፪.

ሳምስ ጄ Ibn al-Haytham and Jabir b. Aflah's criticism of Ptolemy's determination of the parameters of Mercury [Tidsskrift] // Suhayl. - 2001. - Vol. 2.

በርገስ ኢቤኔዘር የሱርያ ሲድሃንታ ትርጉም A TEXT-BOOK OF HINDU ASTRONOMY WITH NOTES AND AN APPENDIX [Bok]. - ፲፱፻፷.

በጦለሚ ክላውዲዎስ Almagest. J.G. Toomer እንደተረነመው [Bok]. - ሎንድን : [s.n.], 1984.

ኒውተን ይስሐቅ Philosophiæ naturalis principia mathematica [Bok]. - ፲፮፻፹፯.

አሪስጣጣሊስ The Complete Works of Aristotle, Princeton [Bok]. - [s.l.] : NJ: Princeton University Press, ፲፱፻፹፬.

አንተነህ ብሩ ፀጋዬ ሥነቁጥር ወ ሥነሥፍራ ዘዮከሊ.ድ [Bok]. - 2024a.

አንተነህ ብሩ ፀጋዬ ነውተናዊ ሥነ-እንቅስቃሴ [Bok]. - 2024c.

አንተነህ ብሩ ፀጋዬ የቅምሮች እና የቀስቶ ሥፍሮች ሥነ-ስሌት [Bok]. - 2024b.

ካሸንዲሽ ሄ. Experiments to determine the Density of the Earth [Tidsskrift] // Philosophical Transactions of the Royal Society of London. - 1798. - ss. 469–526.

ኬፕለር ዮሐንስ Astronomia nova [Bok]. - ፲፮፻፱.

ኬፕለር ዮሐንስ Harmony of the world, Book five [Bok]. - 1571-1630.

ክፍሌ ኪዳነወልድ መጽሐፈ ስዋስው ወግስ ፤ ወመዝገበ ቃላት ሐዲስ [Bok]. - ፳፬ ወ ፳ ዓመተ መንግሥቱ ለቀዳማዊ ኃይለ ሥላሴ ንጉሠ ነግሥት ዘኢትዮጵያ.

ኮፐርኒከስ ኒኮላስ De revolutionibus orbium coelestium [Bok]. - ፲፭፻፵፫.

ደስካርተስ ሬኔ Principia philosophiae [Bok]. - ፲፮፻፵፬.

ጋሊሊዮ ጋሊሊ Dialogues Concerning Two New Sciences [Bok]. - 1564-1642.

ፌትዝፓትሪክ ሪቻርድ A Modern Almagest [Bok]. - ፪፻፲፫.

ፓኢግ ሮዘር Zarqālī: Abū Isḥāq Ibrāhīm ibn Yaḥyā al-Naqqāsh al-Tujībī al-Zarqālī.From: Thomas Hockey et al. (eds.) The Biographical Encyclopedia of Astronomers,Springer Reference. New York: Springer, 2007, pp. 1258-1260 [Bok]. - 2007.

አባሪዎች

አባሪ 1: የከበብ[23] ሥነ-ሥፍራዊ ሥያሜዎች

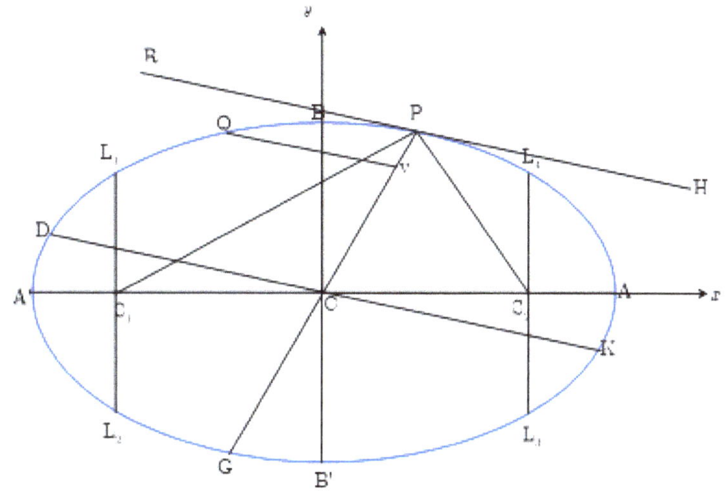

C	=	ማዕከል
DK (PG)	=	የPG (DK) ተጣማጅ ንፍቅ
S1 ፣ S2	=	ትኩረት
AA' (BB')	=	ዐቢይ (ንዑስ) ንፍቅ (አውታር)
AC (BC)	=	ግማሽ ዐቢይ (ንዑስ) ንፍቅ (አውታር)
PRH	=	ታካኪ
Qv	=	ድር
Pv	=	ማግ
$L_1 L_2$ ፣ $L_3 L_4$	=	ቀጤ-ኅን

ሥዕል 10

---

[23] Ellispse

አባሪ 2: የክበብ የማንጸባረቅ ጸባይ

ጥያቄ S_1 እና S_2 የክበቡ የትኩረት ነጥቦች ይሁኑ። ከS_1 የተላከ ማዕዘር (የብርሃን ጨረር ፣ ሌዘር) የውስጠኛውን የክበቡን ግድግዳ P ላይ ቢነካ (P በክበቡ ዙሪያ ላይ ያለ የትኛውም ነጥብ ሊሆን ይችላል) ተንጸባርቆ በS_2 ላይ ያልፋል።

ነጥብ P በክበቡ ዙሪያ ላይ ይሁን። በዚሁ ነጥብ ላይ ታካኪ የሆነ ቀጤ መሥመር RPH ይተለም። የክበብ የማንጸባረቅ ሕገ ጸባይ ∡RPS_1 እና ∡HPS_2 እኩል ናቸው ይላል።

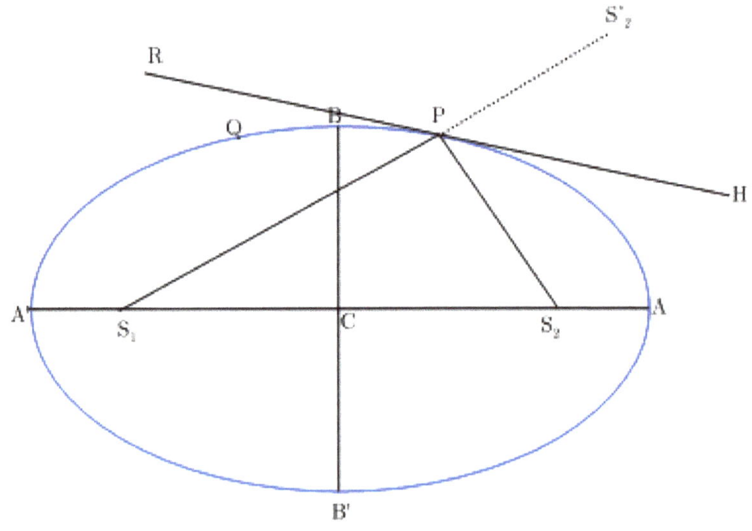

ሥዕል 11: የክበበን የማንጸባረቅ ጸባይ ሥነሥፍራዊ ሐተታ ለመግለጥ የሚያገለግል ትልም

PR ክበቡን P ላይ የሚደገፍ ታካኪ ቀጤ መሥመር ይሁን። PR የክበቡ ታካኪ መሥመር በመሆኑ በዚሁ

መሥመር ያለ ከP ውጭ የሆነ ነጥብ (እንበልና R) ከክበቡ ውጭ ይሆናል፡፡ ስለዚህ $S_1R + S_2R > 2AC$ ይሆናል ማለት ነው፡፡ (R በዘፈቀደ የመረጥነው ከ P ውጭ የሆነ በታካኪ ላይ ያለ የትኛውም ነጥብ ቢሆን) ፡፡

S_2^*የS_2 ቀጤ መስታይተ ሥዕል (በPR መስታይት ውስጥ ሲታይ) ይሁን፡፡ ጠለል መስታይት የቦታ ልኬትን ስለማ.ጠብቅ

$$S_2P = S_2^*P$$

ይሆናል፡፡ እንደዚሁም

$$S_2R = S_2^*R$$

ይሆናል፡፡ ቀጤ መስታይት ዘዊን ስለማ.ጠብቅ

$$\sphericalangle HPS_2 = \sphericalangle HPS_2^*$$

ይሆናል፡፡ ተከትሎም የሚከተለው ብልልጥ እውን ነው፡፡

$$[S_1P + S_2^*P = S_1P + S_2P = 2AC]$$
$$< [S_1R + S_2^*R$$
$$= S_1R + S_2^*R]$$

ስለዚህ P በ$S_1S_2^*$ ቀጤ መሥመር ላይ ያረፈ መሆን አለበት፡፡ በመሆኑም

$$\sphericalangle RPS_1 = \sphericalangle S_2^*PH$$

በተማዝኖ ሕግ (transitivity)

$$\sphericalangle RPS_1 = \sphericalangle HPS_2$$

ይሆናል፡፡ ከአንደኛው የከበቡ የትኩረት ነጥብ ወደ ከበቡ ጣሪያ የብርሃን ጮረር (ማዕዘር) ብንልክ ፤ ከጣሪያው የየትኛውም ነጥብ ላይ የሚንጸባረቀው ጮረር በሁለተኛው የትኩረት ነጥብ ላይ ያልፋል፡፡

አባሪ 3: የኬፕለርን ሕጎች የሚከተል የፕላኔት ፍጥነ-ቶሎታ (ምንጠቃ)

r በፀሐይ አማከል ሥርዓተ ፈለክ ፤ ከፀሐይ አንጻር ፕላኔቷ ያለትን ቀስተኛ ሥፍራ ይሁን፡፡ r ከፀሐይ እስከ ፕላኔቷ ያለው ርቀት መጠን ቢሆን እና $\hat{r}$ ወደ ፕላኔቷ የሚያመለክት አሀድ ቀስት ይሁን ፤ $\hat{\theta}$ ለ$\hat{r}$ ምስቅ የሆነ አሀድ ቀስት ይሁን፡፡ የፕላኔቷ ፍጥነ-ቶሎታ (ምንጠቃ) እንደሚከተለው ይሆናል፡፡

$$\boldsymbol{a} = a_r\hat{\mathbf{r}} + a_\theta\widehat{\boldsymbol{\theta}}$$

በ$\hat{r}$ እና በ$\widehat{\theta}$ አቅጣጫ ያሉትን የምንጠቃ ምንዘሮች እንደቀደም ተከተላቸው እንደሚከተለው እንጽፋለን

$$a_\theta = 2\dot{r}\omega + r\alpha \; \vdots \; \alpha = \frac{d\omega}{dt} \; \vdots \; \dot{r} = \frac{dr}{dt}$$

$$a_r = \ddot{r} - r\omega^2 \; \vdots \; \ddot{r} = \frac{d^2r}{dt^2}$$

የኬፕለር ሁለተኛ ሕግ $\omega r^2 = abn$ ያዊት ነው ይሰናል። ስለዚህ የωr^2 ፍጥነ-ልውጠት $r(\alpha r + 2\omega \dot{r}) = 0$ አልቦ ነው ማለት ነው። ስለዚህም $a_\theta = 0$። የኬፕለርን ሕግ የምትከተል ፕላኔት ምንጠቃ ቅጣጫ ወደ ፀሐይ ነው ማለት ነው።

በማስከተልም በ$\hat{\mathbf{r}}$ አቅጣጫ ያለውን ምንዛር እንደሚከተለው እናገኛለን።

$$a_r = \ddot{r} - r\omega^2 = \ddot{r} - \frac{a^2 b^2 n^2}{r^3}$$

የኬፕለር የመጀመሪያ ሕግ የፕላኔት ምህዋር ከበብ ነው ይላል። ስለዚህም

$$\dot{r} = \frac{1}{2} \frac{L\varepsilon\omega\sin\theta}{(1 + \varepsilon\cos\theta)^2} = \frac{2\varepsilon abn\sin\theta}{L}$$

$$\ddot{r} = \frac{2\varepsilon abn\omega\cos\theta}{L} = \frac{2\varepsilon a^2 b^2 n^2 \cos\theta}{Lr^2}$$

$$a_r = \ddot{r} - r\omega^2 = \frac{a^2 b^2 n^2}{r^2}\left(\frac{2\varepsilon\cos\theta}{L} - \frac{1}{r}\right)$$

የከበቡን እኩልዮሽ በመጠቀም

$$\frac{1}{r} = \frac{2(1 + \varepsilon\cos\theta)}{L}$$

$$a_r = -2\frac{a^2 b^2 n^2}{Lr^2}$$

$$\text{ከከበብ ባሕርይ } b^2 = \frac{L}{2}a$$

$$a_r = -\frac{a^3 n^2}{r^2}$$

ከኬፕለር ሦስተኛ ሕግ እንደምንረዳው $c_k = a^3 n^2$ ለሞላው የፀሐይ ሥርዓት ያዊት ነው። በመሆኑም

$$\ddot{\mathbf{r}} = -\frac{c_k}{r^2}\hat{\mathbf{r}}$$

ፕላኔቷ ወደ ፀሐይ የምትመነጠቀው ከፀሐይ እንዳላት ርቀት ካሬ ግልባጥ ነው።

አባሪ 4: የቃላት ማውጫ

የጸሐፊው መልዕክት

ውድ አንባቢ ፤ እነሆ በዚች አጭር መጽሐፍ የኔውተንን የሥነስበት ንድፈ ሐሳብ ሥነሥፍራዊ ሐተታዎች ቀርበዋል። የመጽሐፉ ዐላማ በዘርፉ ላይ የሰለጠኑ ምሁራን አስፍተው እና አምልተው በአማርኛ እንዲጽፉ ለማነሳሳት ነው። አያያዤ ይዘቱን በሰፊው መዳሰሥን በዘርፉ ለሰለጠኑ ኢትዮጵያውያን አደራ እያልኩ የሚከተለውን መልዕክት ለማስተላለፍ እወዳለሁ።

- <u>ለታዳጊዎች</u>። ሥነስበት የሰው ልጅ ሐሳብ ካመነጨቸው ጠቃሚ ዕውቀቶች መካከል ይመደባል። እናንተም ይችን መጽሐፍ ካነበባችሁ በኋላ የሐሳቡን ሥረ መሰረት ተረድታችሁ የራሳችሁን አበርክቶ እንድታደርጉ ፤ ተግባራዊ ጥቅሙን ተረድታችሁ ሥራ ላይ እንድታውሉት በርቱ።

- <u>ለቋንቋ ምሁራን</u>። በዚች መጣጥፍ ውስጥ የተካተቱት ቃላት ብዙ ታስበባቸው ይዘታቸው ለተደራሲው ዐይነ ጎሊና ክሱት እንዲሆን በጥንቃቄ የተመረጡ ናቸው። በጊዜ መጣበብ ምክንያት የቃላት መፍቻ አላዘጋጀሁም። ይችን ለማዘጋጀት ፍላጎቴ እና ጊዜው ቢኖራችሁ አብሬያችሁ ለመሥራት ሙሉ ፈቃደኛ ነኝ።

- <u>ለፊዚካ አስተማሪዎች እና ምሁራን</u>። ይች መጽሐፍ በፊታችሁ ከተንጣለለው የፊዚካ ዕውቀት እጅግ ትንሿን የያዘች ናት። እናንተ አብዝታችሁ እንድትሥሩበት አደራ እላለሁ።

የምታስተምሯቸውን ተማሪዎች ስለይዘቱ በአማርኛ ቋንቋ ብተገልጹላቸው ለመገንዘብ ይቀላቸዋል።

- የትምሕርት ይዘት ቀረጻን የምታከናውኑ ባለሞያዎች። የተለያዩ የትምሕርት ዘርፎችን በተለይም በዝቅተኛ የትምሕርት ደረጃዎች በሀገራችን ቋንቋዎች ለመስጠት የታሰበ መልካም ሐሳብ አለ። ነገር ግን የማስተማሪያ መጻሕፍት ሲዘጋጁ በእኔ ግምት በውል ስለማይታሰብባቸው የሚመረጡት ቃላት በተማሪው ሐሳብ ውስጥ ፍሬ ያለው ነገር አይዙም። ከማስተማሪያ መጻሕፍት ዝግጅት አስቀድሞ በተለያዩ ዘርፎች ያሉ ምሁራን በየዘርፋቸው ያለን ዕውቀት በአማርኛ እንዲተረጉሙ መወጠር እና ከነዚያ ውስጥ ምቹ የሆኑ ቃላትን በመምረጥ ለማስተማሪያ መጻሕፍት እና ለቃላት መፍቻ መጻሕፍት ዝግጅት እንዲውሉ ማድረግ ይቻላል።

- ለሀገራችን ምሁራን። በዘመናዊ እስከ ሦስተኛ መዓርግ የደረሳችሁ ፤ የመመረቂያ ጽሑፎችን ፤ የምርምር ሥራዎችን ያሳተማችሁ ብዙ አላችሁ። ከሥራዎቻችሁ የተወሰኑትን እየመረጣችሁ ወደ አማርኛ ቋንቋ ብትተረጉሟቸው ለሀገራችን የትምሕርትና የሥነዘዴ እድገት አስተዋጽኦ ታዳርጋላችሁ።

- ሳይንሳዊ ዕውቀትን ለምትተረጉሙ ጸሐፍት። በራሳችሁ ተነሳሽነት ይኸን ሥራ የምትሠሩ ጸሐፍት ልትመሰገኑ ይገባል። የምትጽፉትን ከሥረመሰረቱ መርምሩ። ቢቻላችሁ ከትርጉም ትርጉም ሳይሆን የዕውቀቱን አመንጪዎች ሥራ መርምሩ። የአንስታይንን ከአንስታይን ፤ የኒውተንን ከኒውተን።

ጽሑፋችሁ አጋኖ ባይበዛው ይመረጣል። በውል ያልመረመራችሁትን በይሆናል ፤ ወይም ተጽፎ ስላገኛችሁት ብቻ ለተደራሲያቻችሁ አታቅርቡ።

■ ለቤተክርስቲያን ሊቃውንት። የሀገራችን ትምሕርት ለዘመናት የቆመው ቀደምት አባቶቻችን ባቆሙት የቤተክርስቲያን ትምሕርት ነው። በቋንቋ ፤ በዜማ ፤ በሃይኖታዊ ትምሕርቱ ላይ የሒሳብ ፤ የቅመማ ፤ የሥነጸለክ ፤ የታሪክ ፤ የፍልስፍና ወንበሮች ተጨምረው (ካሉም ተጠናክረው) ቢቀጥል ፤ ከአስኳላ ትምሕርት በእጅጉ በበለጠ ለሀገራችን ችግሮች መፍትሄዎች ያስገኛል የሚል እምነት አለኝ።

9 788826 935833 9